STYLE

绽放风采

In that lightly movingly dance of day
Be love there warm the city that lead
Have us
Time is total at walk through quietly
The day that will not forget in
Will remember all past
We sometimes would be thin to forget time
But we forever would remember the oneself at do what?Have no regre

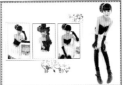

全彩印刷

新手

学Photoshop CS4
数码照片处理

神龙工作室 编著

人民邮电出版社

北 京

图书在版编目（CIP）数据

　　新手学Photoshop CS4数码照片处理 / 神龙工作室编
著. —— 北京：人民邮电出版社，2010.6
　　ISBN 978-7-115-22741-6

　　Ⅰ. ①新… Ⅱ. ①神… Ⅲ. ①图形软件，
Photoshop CS4 Ⅳ. ①TP391.41

　　中国版本图书馆CIP数据核字(2010)第073247号

内 容 提 要

　　本书是指导初学者快速掌握Photoshop CS4数码照片处理的书籍。书中详细地介绍了初学者在使用
Photoshop CS4中文版处理数码照片时必须掌握的基础知识、使用方法和操作技巧，并对初学者在实际操作
中经常会遇到的问题进行了专家级的指导，以免初学者在起步的过程中走弯路。本书分为3篇9章，第1篇
（第1~第3章）主要介绍Photoshop CS4的操作界面、数码照片的基础知识以及利用Photoshop CS4对数码照
片处理的技巧；第2篇（第4~第6章）主要介绍如何运用Photoshop CS4对人像照片及风景照片进行处理，如
何制作、合成数码照片特殊的效果；第3篇（第7~第9章）主要介绍写真照片、婚纱照片的设计制作以及数
码照片在商业案例中的设计应用。

　　本书附带一张DVD情景互动式多媒体教学光盘，可以帮助读者快速掌握Photoshop CS4数码照片处理
的相关知识和操作。光盘中不仅提供了书中所有实例对应的素材文件、原始文件和最终效果文件，同时还
赠送了精彩外挂滤镜的使用手册、863个画笔素材、1026个形状素材、70个动作库、100个样式库和10个经
典婚纱模板，大大扩充了本书的知识范围。

　　本书主要面向Photoshop CS4的初级用户，适合广大Photoshop CS4数码照片处理爱好者以及各行各业
需要学习Photoshop CS4软件的人员使用，同时也可以作为Photoshop CS4软件使用人员短训班的培训教材
或者学习辅导用书。

新手学 Photoshop CS4 数码照片处理

- 　◆　编　　著　神龙工作室
- 　　　责任编辑　马雪伶

- 　◆　人民邮电出版社出版发行　　北京市崇文区夕照寺街 14 号
- 　　　邮编　100061　　电子函件　315@ptpress.com.cn
- 　　　网址　http://www.ptpress.com.cn
- 　　　北京精彩雅恒印刷有限公司印刷

- 　◆　开本：787×1092　1/16
- 　　　印张：11　　　　　　　　　　　彩插：2
- 　　　字数：273 千字　　　　　　　　2010 年 6 月第 1 版
- 　　　印数：1－6 000 册　　　　　　　2010 年 6 月北京第 1 次印刷

ISBN 978-7-115-22741-6

定价：39.80 元（附光盘）

读者服务热线：**(010)67132692**　印装质量热线：**(010)67129223**
反盗版热线：**(010)67171154**

Preface 前言

Photoshop很神秘吗？

不神秘！

学习Photoshop难吗？

不难！

阅读本书能掌握使用Photoshop CS4处理图像的方法吗？

能！

为什么要阅读本书

随着图像处理技术的不断提高，使用电脑处理图像已经不仅仅是专业人员需要学习和掌握的了，对于普通人而言，熟练地掌握一种图像处理软件不仅能帮助您处理图像中的各种瑕疵，而且还可以为您的生活增添更多的乐趣。

作为使用Photoshop CS4处理图像的新手，您是否也曾为如何将模糊的图像变得清晰而发愁，您是否也曾为校正偏色的图像而苦恼，您是否也曾为设计个性的海报方案而冥思苦想，您是否也曾为了给图像添加手绘效果而感到力不从心……如果您掌握了Photoshop CS4的一些基本概念和通用方法，多思考，勤动手，那么这些问题都会迎刃而解。基于这个出发点，我们组织了具有多年实践经验的图像处理专业人士，为图像处理的初学者编写了这本"入门"书籍。通过阅读本书，您也可以将非常普通的图像素材制作出漂亮的艺术效果，留住点滴记忆，刻画美丽人生。

本书是否适合您

如果您是第一次使用Photoshop CS4软件，本书将从初学者的角度出发，一步一步地引导读者掌握Photoshop CS4的基本操作；如果您还不知道Photoshop CS4都有哪些处理数码照片的功能，本书将以实例的形式，让您在边学边做的过程中通晓其强大功能；如果您对专业的数码照片处理书籍感到费解，本书将以实例图解、视频辅助的教学方式让您轻松掌握Photoshop CS4数码照片处理的各项实用技能。

阅读本书能学到什么

掌握Photoshop CS4的基本操作

处理人像照片和风景照片

数码照片的趣味合成

制作艺术写真和婚纱模板

制作商业案例

DVD-ROM 配套光盘使用说明

1 将光盘印有文字的一面朝上放入光驱中，几秒钟后光盘就会自动运行。若光盘没有自动运行，可以打开【我的电脑】窗口，然后在光盘图标 上单击鼠标右键,从弹出的快捷菜单中选择【自动播放】菜单项，光盘就会运行。

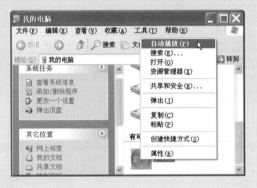

2 首先会播放一段片头动画，接着开始播放光盘中的人物介绍（单击鼠标左键可以跳过该环节），稍后会进入光盘的主界面，此时可以看到光盘中包含的各个章节目录。

3 将鼠标指针移到目录按钮上，单击鼠标左键，弹出对应的下一级子目录，单击某个子目录按钮即可进入光盘播放界面，并自动播放该节的内容。

子目录　　　　　　　解说词　　　播放控制区

Contents 目录

第 1 篇　小荷才露尖尖角——新手入门

第2篇　循序渐进——实战提高

第3篇　舞动梦想的翅膀——数码照片的设计

第 1 篇

小荷才露尖尖角——新手入门

Photoshop 是一款被广泛应用的图片处理软件，主要用来进行图片的输入、处理和输出等工作。要使用全新的 Photoshop CS4 制作出具有专业水准的图像效果，就必须掌握它的一些基础知识和数码照片处理的基本操作。主要包括 Photoshop CS4 操作界面、数码照片的基础知识，以及数码照片基本属性的修改等。

第1章　　初识Photoshop CS4

第2章　　数码照片的管理及输出

第3章　　数码照片基本属性的修改

新手

Chapter

小月：小龙，你能给我讲解一下 Photoshop CS4 的基础知识吗？

小龙：当然可以，这要从 Photoshop CS4 的系统要求和操作界面开始讲起。

小月：好的，除了这些还要了解什么呢？

小龙：我再给你介绍一下在 Photoshop CS4 中对图像文件的基本操作以及图像的基础知识吧！

要点导航

❁ Photoshop CS4 的系统要求

❁ Photoshop CS4 的启动和退出

❁ Photoshop CS4 的操作界面

❁ 图像文件的基本操作以及常用图像
  文件格式和图像颜色模式

❁ 重做与恢复技巧以及文件处理自动化

❁ Camera Raw 的操作界面

1.1 Photoshop CS4 的系统要求

Adobe Photoshop CS4 软件是一款专业的图像编辑标准软件，也是 Photoshop 数字图像处理产品系列的旗舰产品。借助其前所未有的灵活性，用户可以根据自己的需要自定义 Photoshop 的操作界面。此外，它还提供了更高效的图像编辑、处理以及文件处理功能。本节介绍安装 Photoshop CS4 的系统配置要求。

Photoshop CS4新增的3D功能对系统的要求与以往版本相比，有了更进一步的提高。以下是 Photoshop CS4对系统的最低要求。

Windows
1.8 GHz 或更快的处理器
带 Service Pack 2 的 Microsoft Windows XP（推荐 Service Pack 3）或带 Service Pack 1 的 Windows Vista Home Premium、Business、Ultimate 或 Enterprise 版（经认证可用于 32 位 Windows XP 及 32 位和 64 位 Windows Vista 和 Windows 7 及 32 位）
512 MB 内存（推荐 1GB 或更大的内存）
1GB 可用于安装的硬盘空间；安装过程中需要更多的可用空间（无法在基于闪存的存储设备上安装）
1024×768 的显示器分辨率（推荐 1280×800），16 位或更高的显卡
DVD-ROM 驱动器
某些 GPU 加速功能要求 Shader Model 3.0 和 OpenGL 2.0 图形支持
多媒体功能所必需的 QuickTime 7.2
联机服务所必需的宽带 Internet 连接

MAC OS
PowerPC G5 或多核 Intel 处理器
Mac OS X v10.4.11~10.5.4
512 MB 内存（推荐 1GB 或更大的内存）
2GB 可用于安装的磁盘空间；安装过程中需要更多的磁盘空间
1024×768 的显示器分辨率（推荐 1280×800），16 位或更高的显卡
DVD-ROM 驱动器
某些 GPU 加速功能要求 Shader Model 3.0 和 OpenGL 2.0 图形支持
多媒体功能所必需的 QuickTime 7.2
联机服务所必需的宽带 Internet 连接

1.2 Photoshop CS4 的启动和退出

启动 Photoshop CS4 后即可应用该程序，使用完毕后要及时地退出程序，以免占用硬盘空间。本节介绍 Photoshop CS4 的启动和退出的方法。

1.2.1　Photoshop CS4 的启动

启动 Photoshop CS4 程序的方法有多种，可以根据个人习惯选择不同的启动方式。

（1）选择【开始】➤【所有程序】➤【Adobe Photoshop CS4】菜单项，即可启动 Photoshop CS4。

（2）双击桌面上的Photoshop CS4快捷方式图标 <kbd>Ps</kbd>，也可启动Photoshop CS4。

如果桌面上没有创建快捷方式图标，可以单击桌面左下角的 <kbd>开始</kbd> 按钮，在弹出的【开始】菜单中选择【所有程序】菜单

项，弹出子菜单，将鼠标指针移至【Adobe Photoshop CS4】菜单项上并单击鼠标右键，在弹出的菜单中选择【发送到】➤【桌面快捷方式】菜单项，即可创建桌面快捷方式图标。

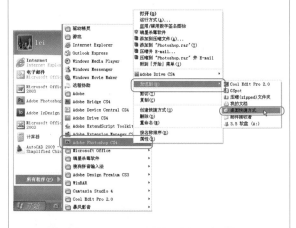

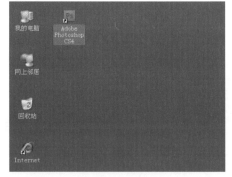

创建桌面快捷方式

1.2.2　Photoshop CS4 的退出

退出 Photoshop CS4 程序的常用的方法比启动 Photoshop CS4 的方法要丰富。

退出Photoshop CS4程序的方法主要有以下几种。

（1）单击Photoshop CS4标题栏右上方的【关闭】按钮 <kbd>✕</kbd> 即可退出程序。

单击【关闭】按钮

(2) 双击Photoshop CS4标题栏左上方的【控制窗口】图标 Ps 即可退出程序。

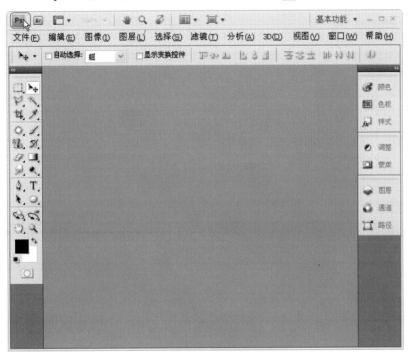

单击【控制窗口】图标

(3) 在菜单栏中选择【文件】➤【退出】菜单项即可退出程序。

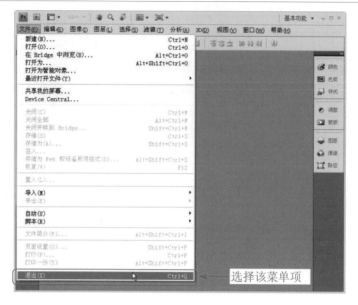

选择该菜单项

(4) 按下【Ctrl】+【Q】组合键或者【Alt】+【F4】组合键也可以退出程序。

1.3 Photoshop CS4 的操作界面

　　Photoshop CS4 是在以往的 Photoshop 版本基础上进行的一次全新改版。与以前的版本相比，Photoshop CS4 的界面更加时尚，并且增加了诸多实用功能。用户可以根据需要选择不同的工作区，而且可以存储或者自定义工作区，还可以对工具箱或者面板进行相应的缩放和组合。

标题栏

菜单栏

工具选项栏

工具箱

面板井

图像显示区域

1.3.1　菜单栏

了解了 Photoshop CS4 的操作界面之后，本小节将具体介绍菜单栏。

● 【文件】菜单

【文件】菜单集合了所有的与文件管理有关的基本操作命令。利用【文件】菜单可以完成对图形文件的新建、打开、存储、导入、导出、自动、脚本和打印等基本操作。

● 【编辑】菜单

【编辑】菜单主要用于对图像进行剪切、复制、粘贴、填充和变换等基本的编辑操作。

● 【图像】菜单

【图像】菜单主要用于完成对图像的模式、颜色以及画布尺寸等的设置。

● 【图层】菜单

【图层】菜单主要用于对图层进行新建、复制、图层样式和合并图层等基本操作。

● 【选择】菜单

【选择】菜单主要用于对图像的选择区域进行取消、羽化、修改和保存等编辑操作。

● 【滤镜】菜单

使用【滤镜】菜单中的滤镜特效可以制作出奇特的图像效果。

● 【分析】菜单

【分析】菜单主要用于图像的测量比例、数据点的选择、标尺工具以及计数工具等的设置。

● 【3D】菜单

【3D】菜单是新增的菜单，主要用于编辑三维图像，例如创建简单模型和制作3D明信片效果等。

● 【视图】菜单

【视图】菜单是一个起辅助作用的菜单，主要用于颜色校样、缩放显示窗口以及标尺、网格和参考线等参数的设置。

● 【窗口】菜单

【窗口】菜单主要用于控制面板的显示或隐藏，并能对打开的图像文件进行管理。

● 【帮助】菜单

【帮助】菜单主要用于查看Photoshop CS4的相关信息，以帮助用户了解Photoshop CS4的各种功能。

1.3.2　标题栏

了解了菜单栏中各个菜单之后，本小节将具体介绍标题栏。

Photoshop CS4与Photoshop CS3相比，界面最突出的改变就是在原标题栏中增加了更多的实用按钮，使浏览图像更加简便。

打开需要编辑的图像文件后，在标题栏中可以设置图像的缩放级别、编排文档的排列方式以及更改屏幕的显示模式等。

例如打开多个图像文件后，单击【排列文档】按钮，在弹出的菜单中选择【四联】按钮，则图像的排列会发生相应的变化。

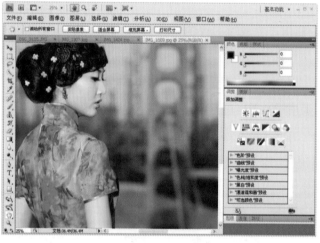

设
置
参
数
前
后
效
果
对
比

1.3.3 工具选项栏

本小节将具体介绍工具选项栏。

工具选项栏的主要功能是配合工具设置不同的参数。工具选项栏中的部分设置专用于某个工具。当选中工具箱中的某个工具时，在工具选项栏中会显示出相应的工具参数设置。例如选中【矩形选框】工具，工具选项栏中便会出现【矩形选框】工具对应的参数，在此可以进行相应的设置。

1.3.4 工具箱

工具箱一般位于主界面的左侧，按住【Alt】键单击工具箱中的工具可以切换相应工具组中的其他工具。在 Photoshop CS4 中共有 22 个工具组，包含 70 种工具。

默认情况下工具箱中只显示几种常用的工具，在部分工具按钮图标的右下角有一个小三角标志，表示该工具的下方还隐藏着工具组。在带有小三角标志的工具图标上按住鼠标左键或者单击鼠标右键，都可以显示出隐藏的其他工具。

显示隐藏工具

1.3.5 面板井

面板井中各个面板的功能主要是对图像进行各种调节。

默认情况下面板井中只显示了几种常用的控制面板。在标题栏中单击其右侧的 基本功能 ▼ 按钮，在弹出的菜单中可以选择不同的面板显示模式。

单击面板井中面板的图标即可打开相应的面板，再次单击即可还原。在处理图像的过程中，可以根据需要在菜单栏中选择【窗口】菜单，在弹出的菜单中选择所需的面板。下面介绍各个面板的基本功能。

⚫ 【颜色】面板

该面板的作用是利用6种颜色模式的滑块准确地设置和选取颜色。图像的颜色模式不同，显示的相关信息也不同。单击该面板右上角的 ▤ 按钮，在弹出的面板菜单中可以选择颜色模式滑块选项。

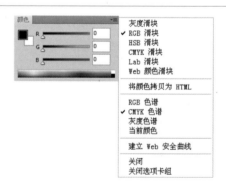

⚫ 【Kuler】面板

在【窗口】菜单中选择【扩展功能】▶【Kuler】菜单项，会弹出【Kuler】面板，通过连接网络可以浏览【Kuler】网站上的多个主题，还可以下载其中的主题进行编辑，该功能在设计网页模板的颜色搭配过程中非常有帮助。

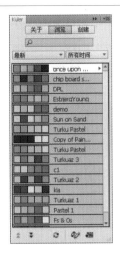

【色板】面板

该面板的作用是提供系统预设的颜色，以便在操作的过程中选取、设置和保存颜色。

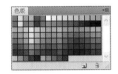

【样式】面板

该面板的作用是提供预设的图层样式效果，在操作的过程中可以直接应用到图层中。

【图层】面板和【路径】面板

【图层】面板的作用是显示各个图层的信息和图层的操作等内容。【路径】面板的作用是建立矢量式的蒙版路径，保存矢量蒙版的内容等。

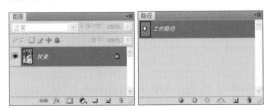

【通道】面板

该面板的作用是将图层分为不同的颜色通道来记录图像的颜色数据，对不同的颜色通道进行各种操作以及保存图层蒙版的内容。

【调整】面板

该面板是Photoshop CS4新增的面板，主要用于调整图像的色调和饱和度等，并且在【图层】面板中能随之新建调整图层，可以进行重复编辑或删除等操作。

【蒙版】面板

该面板也是Photoshop CS4新增的面板，其功能与【图层】面板下方的【添加图层蒙版】按钮 相同，并在其基础上进行了扩展，增加了调整滑块，大大提高了处理图像的效率。

● 【导航器】面板

该面板的作用是显示图像的缩览图，从而可以有效地控制图像的显示比例和图像的显示内容。当显示比例放大时，鼠标指针在面板窗口中显示为形状，此时按住鼠标左键拖动即可变换显示图像的内容。

● 【直方图】面板

该面板的作用是显示图像各个部分的色阶信息以及通道模式等内容。单击【直方图】面板右上角的按钮，在弹出的面板菜单中可以选择该面板的显示模式。

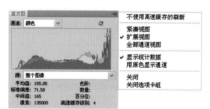

● 【信息】面板

该面板的作用是显示鼠标指针所在位置的坐标值以及像素值。当对图像进行旋转时，【信息】面板还可以显示旋转角度等信息。

● 【历史记录】面板

该面板的作用是恢复和撤消指定步骤的

操作或者为指定的操作建立快照。单击该面板下方的【创建快照】按钮，即可为图像文件的某个状态创建快照。

● 【动作】面板

该面板的作用是录制一系列的编辑操作。通过单击面板底部的【停止播放/记录】按钮、【开始记录】按钮和【播放选定的动作】按钮可以完成动作的录制操作。

● 【画笔】面板和【工具预设】面板

【画笔】面板的作用是设置不同型号的绘图工具的画笔笔触大小、形状等详细参数。【工具预设】面板的作用是设置【修复画笔】、【裁剪】、【画笔】等工具的预设参数。

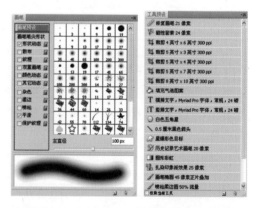

● 【字符】面板和【段落】面板

【字符】面板的作用是调节文字的字符

格式、字符的类型、大小、颜色和行距等属性；【段落】面板的作用是调节段落文字的格式、排列方向、缩进量等属性。

【仿制源】面板

该面板的作用类似复制工具，并且可以精确设置仿制图像的位置。

【动画】面板

该面板的作用是快速创建GIF动画效果。

【测量记录】面板

该面板的作用是保存测量工具曾经执行过的测量记录。

【注释】面板

该面板是为了方便【注释】工具的使用而配备的，方便查看相关信息。

【3D】面板

在该面板中可以对场景、灯光、网格和材质等参数进行多样化编辑。

1.3.6　图像显示区域

Photoshop CS4 的图像显示区域与以往的版本有所不同，它采用了网页浏览器的形式排列在工作区中，并且选中所需的图像文件按住鼠标左键可以拖动其位置，还可以将其拖出成为单独的图像窗口。

　　打开多个图像文件后，在图像显示区域中只能显示其中的一部分，如果想选择其他的图像文件，可以单击图像显示区域名称栏右侧的 >> 按钮，在弹出的菜单中选中所需要的图像文件。

1.4 图像文件的基本操作

图像文件的基本操作主要包括图像文件的新建、打开、导入和导出等操作。

1.4.1 创建新文件

选择【文件】➤【新建】菜单项打开【新建】对话框，也可以按下【Ctrl】+【N】组合键打开【新建】对话框（还可以在按下【Ctrl】键的同时，在工作区域中双击鼠标左键打开【新建】对话框）。

在【新建】对话框中可以对新建文件的【名称】、【宽度】、【高度】、【分辨率】、【颜色模式】和【背景内容】等属性参数进行设置。设置完成后单击

确定 按钮即可新建一个文件。

打开【新建】对话框

1.4.2 打开文件

在 Photoshop CS4 中，打开文件的方式有很多种，用户可以根据不同的浏览需要选择打开的方式。

打开文件常用的几种方法如下。

（1）使用菜单：选择【文件】➤【打开】菜单项，弹出【打开】对话框，单击右上角的【查看菜单】按钮，在弹出的子菜单中可以选择文件的预览模式，这里选择【缩略图】模式。

【缩略图】模式

在【查找范围】下拉列表中找到需要打开的文件夹的正确路径。在【文件类型】下拉列表中可以选择需要打开的文件的格式，通常情况下默认为【所有格式】选项。选择

所需的文件后单击 打开(O) 按钮即可打开文件。

（2）使用【打开为】菜单项：选择【文件】➤【打开为】菜单项，弹出【打开为】对

话框。【打开为】菜单项可以打开一些使用【打开】菜单项无法读取格式的文件。

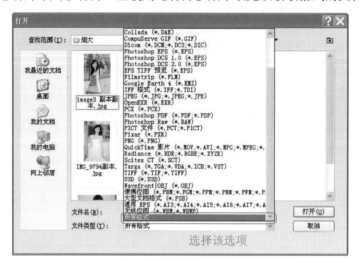

选择该选项

（3）使用Adobe Bridge浏览器：Adobe Bridge是一个可以独立运行的应用程序，Adobe Bridge的出现使图片的管理和处理变得更加简单和快捷。

 Adobe Bridge 有什么作用？

　　Adobe Bridge是Adobe Creative Suite 4组件附带的跨平台应用程序。Adobe Bridge可以帮助用户查找、组织和浏览在创建、打印、Web、视频以及移动内容时所需的资源。用户可以从大多数Creative Suite 组件中启动Bridge，并使用它来访问Adobe和非Adobe资源。

单击Photoshop CS4标题栏左侧的 Br 按钮即可打开【Adobe Bridge】窗口。

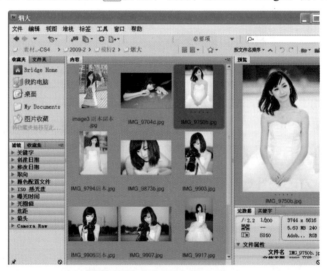

【Adobe Bridge】窗口

　　按住鼠标左键将图像拖到Photoshop CS4的工作区域中，或者双击图像文件即可将图像文件打开。

1.4.3 导入和导出文件

利用 Photoshop CS4 编辑的图像文件，有的时候需要利用其他的软件进行再编辑，或者需要使用其他软件格式的图像文件，此时就需要将图像文件进行导出和导入操作。

(1) 导入图像文件：选择【文件】▶【导入】菜单项，可以将 PDF 格式的文件或者一些从输入设备上得到的图像文件导入到 Photoshop CS4 的工作区域中。选择【文件】▶【置入】菜单项，可以将用 Adobe Illustrator 制作的扩展名为 .AI 的文件，以及 PDF 格式和 EPS 格式的文件导入到 Photoshop CS4 中的当前图像窗口中，调整导入文件的位置、方向和大小后按下【Enter】键即可导入图像。如果想取消导入的图像可以按下【Esc】键。

(2) 导出图像文件：例如选择【文件】▶【导出】▶【路径到 Illustrator】菜单项，弹出【导出路径】对话框，选择存放文件的位置并设置好存放的名称，然后单击 保存(S) 按钮即可。

还可以对三维文件格式中的图片进行复制，然后在 Photoshop CS4 中进行粘贴，此时系统会自动地完成图像的导出操作。

1.4.4 存储文件

在使用 Photoshop CS4 处理图像时要养成随手存储的好习惯，以免所作的操作效果因未及时保存而丢失。

(1) 存储：选择【文件】▶【存储】菜单项或者按下【Ctrl】+【S】组合键，打开【存储为】对话框，在【文件名】文本框中输入新建文件的名称，在【格式】下拉列表中选择存储文件的格式，然后单击 保存(S) 按钮即可。

(2) 存储为：选择【文件】➤【存储为】菜单项，可以对已经保存的图像文件的名称和保存路径进行修改，然后另存为其他名称或者存储在其他的位置。

1.4.5　关闭文件

了解了如何保存文件之后，接下来要介绍的就是如何关闭文件。

(1) 关闭当前图像文件的方法如下。

① 选择【文件】➤【关闭】菜单项。

② 单击图像窗口标题栏右侧的【关闭】按钮。

③ 按下【Ctrl】+【Shift】+【W】组合键，关闭当前图像并打开【Adobe Bridge】窗口。

④ 按下【Ctrl】+【W】组合键或者【Ctrl】+【F4】组合键也可以关闭当前窗口。

(2) 关闭所有的图像文件的方法如下。

① 选择【文件】➤【关闭全部】菜单项。

② 按下【Alt】+【Ctrl】+【W】组合键。

1.5　常用图像文件格式和图像颜色模式

不同的图形处理软件保存的图像格式也各不相同，这些图像格式各有其优缺点。Photoshop CS4 支持 20 多种格式的图像，可以打开这些格式的图像进行编辑并将其保存为其他格式。

1.5.1　常用的图像文件格式

Photoshop 可以读取多种格式的图像文件并对其进行编辑，本小节介绍的是几种常用的文件格式。

PSD格式

PSD格式的文件扩展名为.psd。这是Photoshop软件专用的文件格式，其优点是保存图像处理的每一个细节部分，包括附加的蒙版通道以及其他一些使用Photoshop制作的

效果等，而这些部分在转存为其他格式时可能会丢失。虽然采用这种格式保存的图像文件占用的磁盘空间较大，但是因为保存数据的详尽，便于再次修改和编辑，所以在编辑过程中最好以这种格式进行保存。

PSD格式的文件

BMP格式

BMP格式是一种Windows标准的点阵图形文件格式，文件的扩展名为.bmp，被多种Windows和OS/2应用程序所支持。该格式支持RGB、indexed-color、灰度和位图色彩模式，不支持Alpha通道。其优点是色彩丰富，保存时还可以执行无损压缩。缺点是打开这种压缩文件时花费的时间较长，而且一些兼容性不好的应用程序可能打不开这类文件。

TIFF格式

TIFF格式文件是为不同软件之间交换图像数据而设计的，因此应用非常广泛。

PCX格式

PCX格式的文件扩展名为.pcx。这种格式支持全24位的RGB、indexed-color、灰度和位图色彩模式，不支持Alpha通道。

JPEG格式

JPEG格式文件的扩展名为.jpg。JPEG是目前所有格式中压缩比最高的格式。该格式保存时使用有损压缩，忽略一些细节，不过在压缩前可以选择所需的最终质量，从而有效地控制压缩后的图像质量。一般选择"最佳"选项，以最大限度保存图像。JPEG格式支持RGB、CMYK和灰度的色彩模式。

PCX格式的文件

● EPS格式

EPS格式文件的扩展名为.eps。这种格式适用于绘图或者排版，其优点是可以在排版软件中以低分辨率预览编辑排版插入的文件，在打印或输出胶片时则以高分辨率输出。

● GIF格式

GIF格式文件的扩展名为.gif，是一种压缩的 8 位图像文件。这种格式的文件也大多用于网络传输上，其传输速度比其他格式的图像文件快得多。其缺点是最多只能处理256种色彩，因此不能用于保存真彩图像文件，而且由于色彩数不够，因此视觉效果不理想。

● Photo CD格式

Photo CD格式的扩展名为.pcd。这种格式是一种用于以只读的方式保存在CD-ROM中的色彩扫描图像格式。该格式只能在Photoshop中打开，但是不能保存。

1.5.2 图像的颜色模式

常见的颜色模式包括 RGB 模式、CMYK 模式、HSB 模式、Lab 模式、位图模式、灰度模式、索引模式和双色调模式。

● RGB模式

RGB模式是主要用在显示器中的一种加色模式，是Photoshop主要处理的色彩模式。此模式利用红、绿、蓝3种基本色进行颜色加法，混合产生出绝大部分肉眼能看见的颜色。

RGB图像使用3种颜色或通道在屏幕上重现颜色。在8位/通道的图像中，这3个通道将每个像素转换为24（8位×3通道）位颜色信息。对于24位图像，这3个通道最多可以重现1670万种颜色/像素。对于48位（16位/通道）和96位（32位/通道）图像，每像素可以重现更多的颜色。新建的Photoshop图像的默认模式为RGB，计算机显示器使用RGB模型显示颜色。这意味着在使用非RGB颜色模式（如CMYK）时，Photoshop会将CMYK图像转换为RGB，以便在屏幕上显示。

🔵 CMYK模式

CMYK模式是一种印刷模式，分别由青、洋红、黄和黑组成。

CMYK模式又被称为色光减色法，这是因为此模式是打印或印刷的一种减色模式，是通过油墨对光的反射来表达颜色的。

🔵 HSB模式

HSB模式是根据人的眼睛对色彩的感觉来定义的，其中的颜色都是用色相、饱和度和亮度这3个特性来描述的。

H表示色相，色相是指颜色，例如红色、绿色、黄色等。色相也可以称为色调，其范围是0°～360°。

S表示饱和度，饱和度是指颜色的纯度或者强度，其范围是0%～100%。当选择0%时饱和度是灰色，当选择100%时饱和度是纯色。

B表示亮度，亮度是指颜色的相对明暗程度，其范围是0%～100%。当选择0%时表现的是黑色，当选择100%时表现的是白色。

🔵 Lab模式

Lab模式是Photoshop内部的颜色模式，通常情况下很少用到。

Lab模式是所有模式中包括色彩范围最广泛的颜色模式。在确保图像色彩真实度的情况下，使用Lab模式可以在不同的系统和平台之间交换图像文件。

🔵 位图模式

位图模式用黑和白来表示图像中的像素，其位深度为1，因此也被称为黑白图像或者1位图像。

由于位图模式只用黑白色来表示图像的像素，所以占用的系统空间最少。要想把图像转换为位图模式，首先应将图像转换成灰度模式，再转换成位图模式。

🔵 灰度模式

灰度模式由8位像素的信息组成，只有黑、白、灰3种颜色，它使用256级灰度来表现图像，因此图像的过渡显得更加自然平滑。

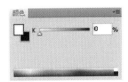

索引模式

索引颜色模式是单通道图像，一种专业的网络图像颜色模式，包括一个颜色查照表，用来存放图像中的颜色并为这些颜色建立颜色索引。由于在这种模式下可以减少图像的很大一部分存储空间，所以经常被应用到动画领域。

双色调模式

双色调模式使用较少的油墨创建单色调、双色调、三色调和四色调，以尽量丰富颜色层次，这种模式主要是为了降低印刷成本而设定的。

选择【图像】➤【模式】菜单项，在弹出的【双色调选项】对话框中的【类型】下拉列表中可以选择【单色调】、【双色调】、【三色调】或【四色调】选项，对图像的颜色进行变换。

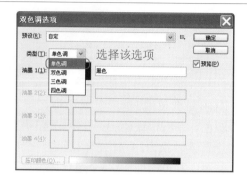

下面是先将图像变灰度后，然后选择【双色调】选项进行颜色设置的对比效果。

图像前后效果对比

1.6 重做与恢复技巧

在使用 Photoshop 软件工作的过程中，通常会有操作失误或尝试性创作不满意的情况，总之这一系列的情况都将需要我们掌握 Photoshop 软件的两个重要操作技巧——重做和恢复。掌握这两个技巧后，我们可以很容易的将部分或全部错误进行还原。

1. 快捷键恢复操作

如果想要恢复上一步操作，可以同时按下【Ctrl】+【Z】组合键；如果希望恢复两步以上的操作，可以同时按下【Ctrl】+【Alt】+【Z】组合键；如果恢复之后又想返回到之前操作后的效果，可以同时按下【Ctrl】+【Shift】+【Z】组合键。

2. 使用菜单项恢复操作

要使用菜单对操作步骤进行恢复，或者

希望将图片恢复到原始状态，可以选择【编辑】➤【还原】菜单项。

 使用【还原】菜单项应注意什么问题？

这里要注意的是，对图像进行任何操作，这里的【还原】菜单项就会变为还原对应操作名称的菜单项。例如对图像进行了亮度和对比度的处理，要还原图像就要选择【编辑】➤【还原亮度/对比度】菜单项。

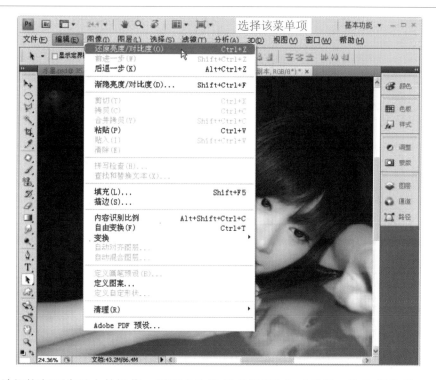

如果希望恢复两步以上的操作，需要多次选择【编辑】➤【后退一步】菜单项。

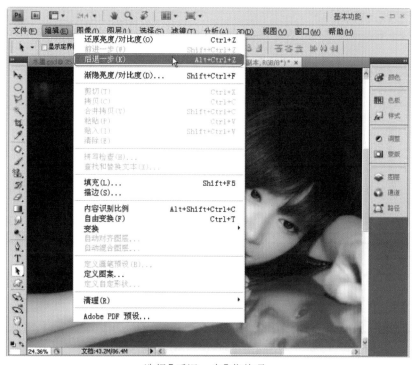

选择【后退一步】菜单项

当恢复了操作后又想保留之前恢复丢失的操作效果时，则需要选择【编辑】➤【前进一步】菜单项。

选择【前进一步】菜单项

3. 使用【历史记录】面板恢复操作

在1.3.5小节中介绍过【历史记录】面板，选择【窗口】➤【历史记录】菜单项。

打开【历史记录】面板，在面板中单击任何一个操作步骤，图像窗口即可恢复到当时的操作画面，如下图所示。

1.7 文件处理自动化

文件处理自动化的程度决定工作效率的高低，假如从事照片后期处理工作，那么文件自动化就是必须掌握的技能。对文件进行自动化处理时只需要记录其中一张照片的处理过程，就可以对其他要进行相同操作的照片批处理。

1.7.1 【动作】面板的使用

在 Photoshop CS4 中，可将一系列操作保存为一个动作，在照片的后期处理中，如果要进行相同的操作，可执行该动作，从而大大提高工作效率。

下面介绍如何使用【动作】面板，具体的操作步骤如下。

1 选择【窗口】▶【动作】菜单项，或者同时按下【Alt】+【F9】组合键，打开【动作】面板。

2 单击面板上的【默认动作】动作组，展开自带的动作，如下图所示。选择其中的一个动作选项后，单击面板下方的【播放选定的动作】按钮 ▶，原始图片将发生改变。

3 处理前后的图像对比效果如下图所示。

原始图像和最终效果对比

1.7.2　创建新动作

录制动作前可以新建一个动作，并为其命名，以便与其他动作相区别。

1 单击【创建新动作】按钮。

2 弹出【新建动作】对话框，在【名称】文本框中输入新建的动作名称，在【功能键】下拉列表中可以设置快捷键，然后单击　　记录　　按钮。

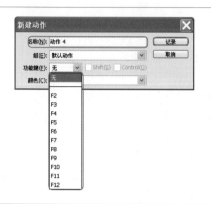

3 对照片进行操作，【动作】面板将自动存储操作的一系列步骤，操作完毕后单击【停止播放/记录】按钮 ■。

这样一个新的动作就创建完成了。如果要使用这个动作，按照前面介绍的动作使用方法进行操作即可。

1.7.3 文件夹批处理

前面介绍的是单个文件自动化处理的常用方法，有时在数码照片处理的过程中，尤其是影楼的照片后期处理中，往往要对许多照片做同样的处理，这就需要使用批处理功能。

1 选择【文件】▶【自动】▶【批处理】菜单项。

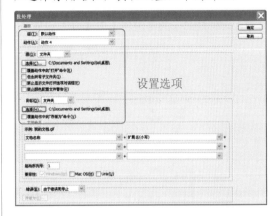

径，在【目标】组合框中单击 选择(H)... 按钮选择存储路径，其他设置如下图所示。

设置选项

2 弹出【批处理】对话框，在【动作】下拉列表中选择动作名称，在【源】下拉列表中选择【文件夹】选项，然后单击 选择(C)... 按钮，选择要处理的文件夹的路

3 设置完毕后单击 确定 按钮即可进行批处理。

1.8 Camera Raw 的操作界面

在数码摄影领域中，RAW 格式是一种常见的图像品质模式，其被定义为"原始图像数据存储格式"。

在Adobe Bridge中，选择【文件】▶【在Camera Raw中打开】菜单项即可打开Camera Raw窗口。 在Photoshop CS4中，选择【文件】▶【打开为】菜单项也可打开Camera Raw窗口。

切换全屏模式

文件格式

直方图

图像调整
选项卡

缩放级别

调整滑块

单击以显示工作流程选项

1. Camera Raw 设置菜单

要打开"Camera Raw 设置"菜单，可以单击任何图像调整选项卡右上角的 按钮。也可以通过Adobe Bridge的【编辑】➤【开发设置】菜单访问此菜单中的几个命令。

选择该菜单项

2. Camera Raw 视图控件

● 【缩放】工具

单击【缩放】工具 预览图像时，将预览缩放设置为下一较高预设值。按住【Alt】键（Windows）或【Option】键（Mac OS）并单击鼠标左键可以使用下一较低缩放值。在预览图像中拖曳缩放工具可以放大所选区域。要恢复到100%，可以双击缩放工具。

● 【抓手】工具

当预览图像的缩放级别大于100%时，可以使用该工具在窗口中移动图像。在使用其他工具的同时，按住空格键可以暂时激活【抓手】工具。双击【抓手】工具可以将图像以适合窗口大小显示。

● 选择缩放级别

从菜单中选择缩放级别数值，或者单击【选择缩放级别】按钮 和 即可选择缩放级别。

● 预览

显示在当前选项卡中所做的图像调整以及其他选项卡中的设置的预览。如果撤选该复选框，则使用当前选项卡中的原始设置以及其他选项卡中的设置来显示图像。

● RGB

在预览图像中的指针下面显示像素的红色、绿色和蓝色值。

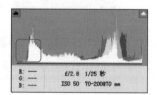

3. 图像调整选项卡

● 【基本】

调整白平衡、颜色饱和度以及明暗对比
度等。

● 【色调曲线】

使用"参数"曲线和"点"曲线对色调进
行微调。

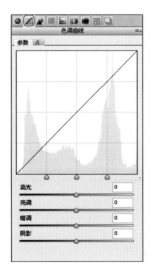

● 【细节】

对图像进行锐化处理或减少杂色。

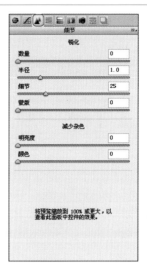

● 【HSL/灰度】

使用【色相】、【饱和度】和【明亮度】
选项卡对颜色进行微调。

● 【分离色调】

为单色图像添加颜色，或者为彩色图像创
建特殊效果。

【镜头校正】

补偿相机镜头造成的色差和晕影。

【相机校准】

校正阴影中的色调以及调整非中性色，以补偿相机特性与该相机型号的Camera Raw配置文件之间的差异。

预设

将一组图像调整设置存储为预设，可以在其他照片上进行应用。

Chapter

小月：小龙，Photoshop CS4 的操作界
面和图像文件的基础知识我已经掌握了，现在我们还需要学习什么呢？

小龙：在了解了这些基础知识后，我们还要对如何管理及输出数码照片有一
个基本的了解。

小月：那我们先从哪里开始呢？

小龙：我们就从将数码照片导入电脑开始吧。

要点
导航

✲ 将数码照片导入电脑

✲ 数码照片的管理及查看

✲ 数码照片的输出

2.1 将数码照片导入电脑

将数码相机中的照片导入电脑的方式有3种：第1种是借助读卡器，第2种是使用数码相机数据线与电脑连接，第3种是直接将数码相机存储卡插入笔记本电脑。下面分别对这3种方式进行介绍。

2.1.1 使用读卡器导入电脑

所谓的读卡器就是一种读取存储卡数据的设备。它除了支持数据的读取外，还支持数据的写入。

使用读卡器与存储卡的组合相当于使用U盘的效果，其性能与U盘相当，而且体积不大，因此受到广大消费者的青睐。目前市场上的闪存或者存储卡主要有SM卡、CF卡、MMC卡和SD卡等。按照读取的存储卡种类不同，读卡器又被分为单功能读卡器和多功能读卡器两种。单功能读卡器一般只能读取一种类型的闪存卡，例如CF读卡器只能读取CF卡，这类读卡器的价格较低，只需100元左右；而多功能读卡器则可读取各种类型的卡，无论是SM卡、CF卡，还是MMC卡，都可以轻松读取，这类产品的价格稍高一点，价格在200～500元不等。

多功能读卡器

使用读卡器将数码相机中的照片导入电脑时，首先将数码相机中的存储卡取出，插入读卡器中，然后将读卡器与电脑连接。如果连接成功，系统就会自动弹出提示信息。然后找到该存储卡在电脑中的盘符（电脑显示为"可移动硬盘"），再双击该盘符就可以看到拍摄的照片了。按下【Ctrl】+【A】组合键全选照片，按下【Ctrl】+【C】组合键复制照片，选择好所要保存照片的路径和文件夹，然后按下【Ctrl】+【V】组合键，这样就将数码相机中的所有照片导入电脑了。

2.1.2 直接使用数码相机数据线与电脑连接

如果用户没有读卡器，也可以使用数码相机数据线直接与电脑连接进行照片传输。使用数码相机数据线与电脑相连进行照片传输是最常用的数码照片导入电脑的方法。

在购买数码相机时，一般的数码相机，例如柯达数码相机、三星数码相机和索尼数码相机

等，都会配置数码相机与电脑相连接的数据线，数据线连接电脑的一端通常是USB接口。

使用数据线将数码相机与电脑连接之后，打开数码相机电源开关即可从数码相机存储卡中将数码照片复制出来，然后可以将其粘贴到电脑硬盘中。复制和粘贴的方法与"借助读卡器"的方法一样。

对于不同操作系统的电脑，数码相机数据线与电脑相连的方法有一定的区别。如果使用的是Windows XP系统，一般不需要安装USB驱动程序就可以直接用数据线进行连接。如果使用的是Windows 2000操作系统，则必须先安装USB驱动程序（一般数码相机都附带相应的驱动程序光盘），然后才可以使用数据线进行连接。

2.1.3 直接将数码相机存储卡插入笔记本电脑

除了前面介绍的两种方法外，还有一种将数码照片导入到笔记本电脑的专用方法，即直接将数码相机存储卡插入笔记本电脑。

如果笔记本电脑有读卡接口（例如SD卡接口），并且笔记本电脑的操作系统是Windows XP（如果系统版本较低可能需要安装驱动程序），那么就可以直接读取数码相机存储卡中保存的数码照片。

首先将数码相机的存储卡取出（例如SD卡），然后插入到笔记本电脑的SD卡接口中。

将存储卡插入笔记本电脑的SD卡接口中

这时存储卡在电脑中显示为"可移动存储设备"。接下来的操作与上述两种方法一样。

2.2 数码照片的管理及查看

将照片导入电脑后必须进行分类管理，例如按时间、地点和人物等分类。此时可以使用【Windows 资源管理器】或者【我的电脑】进行管理。下面分别对其进行介绍。

2.2.1 使用【我的电脑】管理照片

使用【我的电脑】管理照片是最基本的方法。

双击桌面上的【我的电脑】图标，打开【我的电脑】窗口。在该窗口中，用户可以选择相应的硬盘，如F盘，双击该盘符图标打开【本地磁盘（F:）】窗口，然后在该窗口中的空白处单击鼠标右键，在弹出的快捷菜单中选择【新建】➤【文件夹】菜单项。

创建一个用于存储照片的文件夹，例如【人像照片】文件夹。

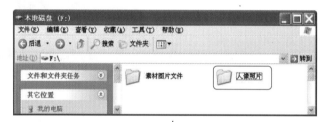

选中并双击【照片】文件夹将其打开，在该文件夹中分类创建子文件夹，用于存放不同类别的照片，例如【海边】和【酒吧】子文件夹等。

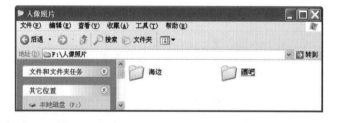

2.2.2 使用【Windows 资源管理器】

除了使用【我的电脑】管理和查看照片之外，还有一种更为常用的方法，就是使用【Windows资源管理器】来管理和查看照片。

选择【开始】➤【所有程序】➤【附件】➤【Windows资源管理器】菜单项。

打开【Windows资源管理器】窗口，在该窗口中用户可以选择F盘，然后在弹出的【本地磁盘（F:）】窗口中选择【文件】▶【新建】▶【文件夹】菜单项。

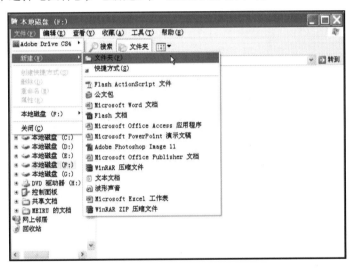

创建一个用于存储用户照片的文件夹，例如【人像照片】文件夹。

2.2.3　查看数码照片

存储在文件夹中的照片可以以幻灯片或者缩略图的形式进行查看，还可以通过【Windows

图片和传真查看器】进行查看。

● 幻灯片

打开存储照片的文件夹，然后选择【查看】➤【幻灯片】菜单项，如下图所示。

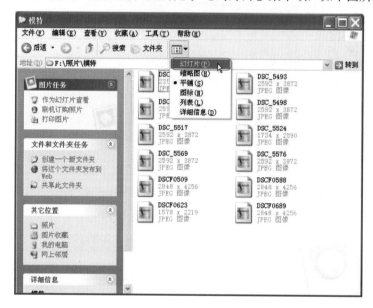

文件夹中的照片会以幻灯片方式显示。单击【工具栏】中的 ⊙ 和 ⊙ 按钮，选择上一幅或下一幅照片，也可以单击 ▲ 和 ▲ 按钮，使照片顺时针旋转或逆时针旋转。

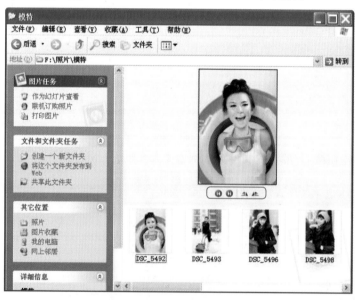

● 缩略图

打开存储照片的文件夹，然后选择【查看】➤【缩略图】菜单项，如下图所示。

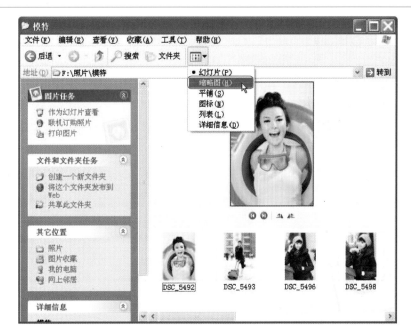

文件夹中的照片会以缩略图的方式显示，选中其中的任何一张照片，都会在窗口左下方的【详细信息】区域显示此照片的详细信息，例如尺寸、大小和修改日期等。

● Windows 图片和传真查看器

利用Windows图片和传真查看器可以直接对图像进行编辑，而无需再打开图像编辑软件。在文件夹中选中某个图像并单击鼠标右键，然后在弹出的快捷菜单中选择【打开方式】▶【Windows图片和传真查看器】菜单项，如下图所示。

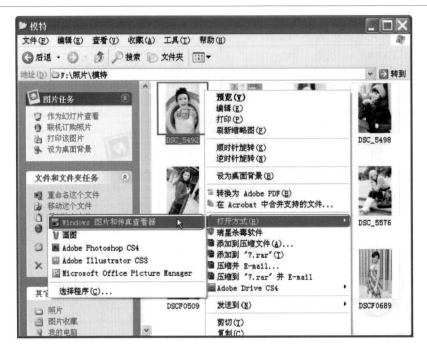

　　图像将自动生成预览窗口，此时用户就可以在【Windows图片和传真查看器】窗口中查看图像了。

　　在该窗口中可以放大或缩小图像，以最合适的窗口或者全屏大小预览图像，还可以进行打印、保存和旋转图像等操作。

2.3 数码照片的输出

　　如果想冲洗数码照片，则必须先设置好照片的文件大小，也就是尺寸。而数码照片的尺寸与图像的像素和分辨率是密不可分的，所以在设置照片的尺寸之前，应该先清楚什么是像素和分辨率，以及如何对其进行设置。

2.3.1 像素和分辨率的选择

　　像素和分辨率是两个密不可分的重要概念，它们的组合方式决定了图像的数据数量。例如，同样是 1 英寸 ×1 英寸的两个图像，分辨率为 72ppi(像素 / 英寸) 的图像包含 5184 个像素（宽度 72 像素 ×72 像素 =5184），而分辨率为 300ppi 的图像则包括 90000 个像素（宽度 300 像素 ×300 像素 =90000）。

　　虽然分辨率越高，图像的质量越好，但会增加占用的存储空间，只有根据图像的用途设置合适的分辨率才能取得最佳的使用效果。如果图像用于屏幕显示或者网络，可以将分辨率设置为72像素/英寸（ppi），这样可以减小文件的大小，提高传输和下载速度；如果图像用于喷墨打印机打印，可以将分辨率设置为100～150像素/英寸；如果图像用于印刷，则应设置为300像素/英寸。

　　在Photoshop CS4中，选择【图像】▶【图像大小】菜单项，如下图所示。

　　打开【图像大小】对话框，在该对话框中可以设置图像的像素和分辨率。

● 【像素大小】组合框

　　该组合框用于设置当前图像在Photoshop中显示的宽度和高度，它决定了图像屏幕的尺寸。

● 【文档大小】组合框

　　该组合框用于设置图像的打印尺寸和打印分辨率。

● 【缩放样式】复选框

　　如果图像带有应用了图层样式的图层，选中该复选框后，会在调整图像大小的同时按照比例缩放样式效果。

● 【约束比例】复选框

　　选中该复选框，在修改宽度和高度其中

一个数值时，系统将会按照比例调整另一个数值，使得图像的宽度和高度的比例保持不变。

● 【重定图像像素】复选框

通过重定图像像素的方法可以增加图像中包含像素的数量，这样再放大图像时也不会模糊不清。在【重定图像像素】下拉列表中有5个选项，可以分为3种类型：邻近、两次线性和两次立方。

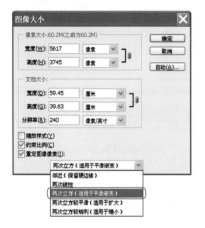

(1)【邻近（保留硬边缘）】选项：使用最好的重定像素的算法。

(2)【两次线性】选项：比"邻近"算法的速度快一些，但是重定像素的准确性不高。

(3)【两次立方（适用于平滑渐变）】选项：使用介于"邻近"和"两次线性"算法之间重定图像像素的算法。

(4)【两次立方较平滑（适用于扩大）】选项：适用于扩大图像。

(5)【两次立方较锐利（适用于缩小）】选项：适用于缩小图像。

●  按钮

单击该按钮将会弹出【自动分辨率】对话框，从中可以选择一种自动打印分辨率。

【挂网】文本框和其下拉列表用于设置图像使用的挂网频率，【品质】组合框用于选择一种打印图像的质量。如果选中【草图】单选钮，打印分辨率则为原来的分辨率；选中【好】单选钮，则将挂网频率乘以1.5来计算打印分辨率；选中【最好】单选钮，则将挂网频率乘以2来计算打印分辨率。

2.3.2　保持像素总量改变分辨率

保持像素总量不变的情况下改变图像分辨率会影响打印的尺寸，而不会影响打印的质量。其具体操作步骤如下。

1 打开一张需要冲洗的照片，然后选择【图像】▶【图像大小】菜单项，弹出【图像大小】对话框。

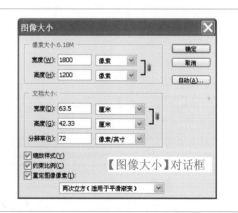

【图像大小】对话框

2 撤选【重定图像像素】复选框，然后设置【分辨率】的数值。例如设置为【250像素/英寸】，可以看到像素的大小没有发生变化，而文档大小中的宽度和高度的数值已发生变化，如右图所示。

3 单击 确定 按钮，即可修改照片的大小及像素质量。

2.3.3 保持分辨率改变像素

保持分辨率不变的情况下改变像素不会影响打印的实际尺寸，但会影响打印的质量。其具体操作步骤如下。

1 在选中【重定图像像素】复选框的状态下改变【像素大小】组合框中的宽度和高度的像素值，可以看到分辨率没有发生变化，而【文档大小】组合框中的宽度和高度发生变化。

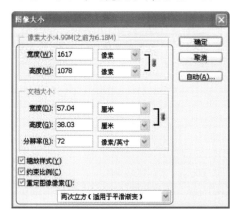

2 如果撤选【约束比例】复选框，改变

【像素大小】组合框中的高度像素值，在这时宽度像素值不会随之改变，并且分辨率也不会发生变化。

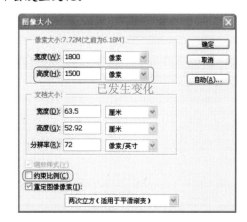

3 单击 确定 按钮，即可修改照片的大小及像素质量。

2.3.4 照片尺寸及格式的设置

照片在打印之前除了要设置分辨率之外，还要对打印照片的尺寸以及格式进行设置。

1. 照片的格式

一般来说，最常用的照片文件存储格式有3种。第1种是TIFF格式，这种格式能够无损失地保存图像文件；其缺点是文件体积大，尽管可以选择压缩文件，但是压缩率有限。第2种是BMP格式，这种格式是一种用来存储图像的图形档案的格式，具有相当大的可移植性，大部分可以处理图片的软件都可以使用。保存的图像不会遗失任何彩色信息或者细节，但是存储所需要的空间比较大。第3种是JPEG格式，这种格式可以大幅度压缩文件的体积；其缺点是它属于有损压缩，压缩率越大，图像的质量降低得越厉害。

如果对图像的质量要求不高，但又要求存储大量图片，一般存储为JPEG格式即可。如果选择压缩级别不低于【10】，图像的质量则几乎没有下降。如果要将照片通过E-mail发送给朋友或者在电脑屏幕上观看，高度为600像素、宽度为800像素就可以了。

2. 照片的尺寸

数码相机日渐普及，相关配套行业——数码照片冲洗店也越来越多。可是，在把数码相片拿去冲洗之前，应该做哪些准备工作呢？首先保证数码相机拍摄出来的照片质量达到冲洗的标准，然后保证裁切比例正确，最后通过存储卡或者网络传输的途径将照片传到冲洗店。下面主要介绍冲洗照片的尺寸和如何裁剪照片。

现在，大多数的数码相机拍摄出来的照片长宽比都为4∶3（如1200像素×900像素），只有少数的数码相机拍摄出来的照片长宽比为3∶2，这是由数码相机内部使用的感光器件所决定的。如果冲印4∶3比例的照片，价格可能会高些。数码照片冲洗店可以冲洗好多种比例的照片，所以可以根据它们的比例裁剪照片。那么以什么标准裁剪照片呢，下面具体介绍冲洗照片的尺寸。

普通照片规格（英寸）	照片尺寸（英寸）	照片尺寸（cm）	最佳像素数（像素）	最低像素数（像素）	最佳分辨率（像素／英寸）
1英寸	1×1.5	2.5×3.8	450×300	300×200	300
身份证	0.9×1.3	2.2×3.2	390×270	260×180	300
2英寸	1.5×2.0	3.8×5.1	600×450	400×300	300
（小）2英寸	1.3×1.8	3.3×4.8	540×390	360×260	300
5英寸	5×3.5	12.7×8.9	1500×1050	1200×840	300
6英寸	6×4	15.2×10.2	1800×1200	1440×960	300
7英寸	7×5	17.8×12.7	2100×1500	1680×1200	300
8英寸	8×6	20.3×15.2	2400×1800	920×1440	300
10英寸	10×8	25.4×20.3	3000×2400	2400×1920	300
12英寸	12×10	30.5×25.4	3600×3000	2500×2000	300
14英寸	14×10	35.6×25.4	4200×3000	2800×2000	300
16英寸	16×12	40.6×30.5	4800×3600	3200×2800	300
18英寸	18×14	45.7×35.6	5400×4200	3600×2800	300
20英寸	20×16	50.8×40.6	6000×4800	4000×3200	300

2.3.5 照片的裁剪

数码冲洗店正常冲洗的照片都有固定的尺寸，用户在输出照片前还要对照片进行相应的裁剪。

一般数码冲洗店正常冲洗使用的分辨率为200～300像素/英寸，其中300像素/英寸的分辨率为最优分辨率。按6英寸照片来讲，其尺寸为6英寸×4英寸，按标准冲洗的要求像素数为1800像素（6英寸×300像素/英寸＝1800像素）×1200像素（4英寸×300像素/英寸＝1200像素）。但是10英寸以上的照片，由于一般的数码相机都达不到标准300像素/英寸的要求，而且大幅照片相对于视觉要求精细度也没有小照片那么高，所以一般使用240像素/英寸，甚至200像素/英寸或者更低，总的原则是分辨率为300像素/英寸以下的照片尽量使用相机所能产生的最高像素。如果读者还是对尺寸、像素和分辨率模糊不清的话，可以询问冲洗店的工作人员。

在Photoshop中可以通过自定义尺寸裁剪出适合冲洗尺寸的照片，其具体操作步骤如下。

1 首先确定需要冲洗多大尺寸的照片，然后选择【文件】➤【新建】菜单项，弹出【新建】对话框，在【预设】下拉列表中选择【照片】选项，在【大小】下拉列表中选择【横向，4×6】选项，即6英寸×4英寸。

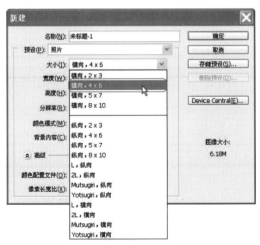

2 照片的宽度和高度设置完成后，接着设置分辨率，例如分辨率为【300像素/英寸】；然后在【颜色模式】下拉列表中选择【RGB颜色】选项和【8位】选项；【背景内容】随意设置，因为照片会覆盖背景。下图所示的是6英寸照片的相关参数设置。

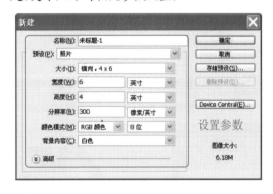

不同类型的用户账户有何区别？

① 一般情况下，冲洗照片时将【颜色模式】设置为RGB模式即可，而CMYK颜色模式一般应用于印刷和喷绘。

② 在位深的选项中一般默认为【8位】，位深数值越大色彩越丰富，照片占用的计算机空间就越大。

3 单击 【存储预设(S)...】按钮，弹出【新建文档预设】对话框。

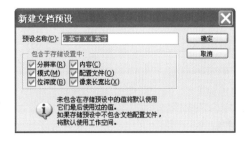

4 单击 确定 按钮，返回【新建】对话框即可看到照片的尺寸显示在【预设】下拉列表中。

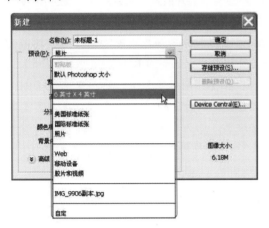

5 设置完成后单击 确定 按钮。打开一张需要冲洗的照片，然后将其拖放到新建文件的窗口中。

6 按下【Ctrl】+【T】组合键调整照片的大小，以得到满意的效果。调整完成后按

【Enter】键即可应用该操作。下图是改变尺寸前后的照片对比效果。

改变尺寸前后效果对比

小月：小龙，数码照片的基础知识我已经掌握了，现在我们应该学习什么呢？

小龙：在了解了数码照片的基础知识后，我们首先要对 Photoshop CS4 的功能有一个最基本的了解。

小月：那我们先从哪里开始呢？

小龙：我们就从处理数码照片的基本技巧开始吧！

要点
导航 ⇨

✿ 数码照片的基本处理技巧

✿ 常见问题的处理技巧

✿ 快速打造蓝色调及拼片技巧

✿ 蓝天、晚霞的美化技巧

✿ 老照片的修复技巧

3.1 数码照片的基本处理技巧

本节主要介绍如何使用 Photoshop CS4 对照片进行最基本的缩放、旋转等调整，并通过实例介绍使用 Photoshop CS4 的基本变换功能为照片制作特殊的效果。

素材图片和最终效果的对比如下图所示。

1. 旋转照片

本实例素材文件和最终效果所在位置如下。

素材文件	第 3 章 \3.1\ 素材文件 \311.jpg
最终效果	第 3 章 \3.1\ 最终效果 \311.psd

1 打开本实例对应的素材文件311.jpg。

2 连续按两次【Ctrl】+【J】组合键复制图层，得到【图层1】图层和【图层1副本】图层。

复制图层

3 选择【背景】图层，将前景色设置为白色，按下【Alt】+【Delete】组合键填充图像。

4 选择【图层1】图层，隐藏【图层1副

本】图层。选择【图像】➤【调整】➤【去色】菜单项，将图像去色。

5 在【填充】文本框中输入"40%"。

6 显示并选择【图层1副本】图层，按下【Ctrl】+【T】组合键旋转图像的角度，并调整图像的位置，调整合适后按下【Enter】键确认操作。

7 单击【添加图层样式】按钮 ，在弹出的菜单中选择【投影】菜单项。

选择该
菜单项

8 弹出【图层样式】对话框，从中设置如图所示的参数。

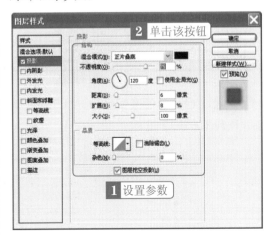

2 单击该按钮

1 设置参数

9 选中【描边】复选框，将描边颜色设置为白色，其他参数设置如图所示，然后单击 确定 按钮。

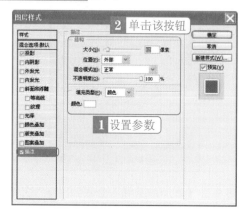

2. 制作卷边效果

1 选择【钢笔】工具 ✎，在图像中绘制如图所示的闭合路径。

2 单击【创建新图层】按钮 ◻，新建图层，得到【图层2】图层。

3 按下【Ctrl】+【Enter】组合键将闭合路径转换为选区。

4 将前景色设置为 "575757" 号色，背景色设置为白色，选择【渐变】工具 ◻，在工具选项栏中设置如图所示的选项。

设置渐变选项

5 在选区内由内向外拖曳鼠标，添加渐变效果。

6 按下【Ctrl】+【D】组合键取消选区。选择【图层1副本】图层，单击【添加图层蒙版】按钮 ，为该图层添加图层蒙版。

添加蒙版

7 选择【画笔】工具，在工具选项栏中设置如图所示的参数。

设置画笔参数

8 在图像中涂抹右下角的图像，隐藏部分图像。

9 选择【图层1】图层，单击【创建新图层】按钮 ，新建【图层3】图层。

新建图层

10 将前景色设置为黑色，选择【渐变】工具 ，在工具选项栏中设置如图所示的选项。

设置渐变选项

11 在图像的右下角位置添加如图所示的渐变效果。

12 单击【添加图层蒙版】按钮 ，为该图层添加图层蒙版。

添加蒙版

13 选择【画笔】工具，在工具选项栏中设置如图所示的参数。

设置画笔参数

14 在图像右下角的渐变区域内涂抹，隐藏部分图像，为卷边添加阴影效果。

15 选择【图层1副本】图层，单击【创建新图层】按钮 ，新建【图层4】图层。

新建图层

16 将前景色设置为黑色，选择【渐变】工具 ，在工具选项栏中设置如图所示的选项。

设置渐变选项

17 在图像的右下角位置添加如图所示的渐变效果。

18 按下【Ctrl】+【Alt】+【G】组合键将该图层嵌入到下一图层中，得到如图所示的效果。

19 将前景色设置为白色，选择【横排文字】工具 T ，在工具选项栏中设置适当的字体及字号，在图像中输入文字。

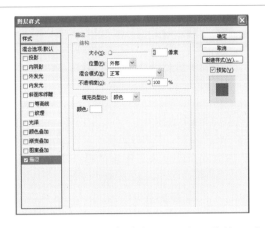

22 选中【投影】复选框，设置如图所示的参数，然后单击 确定 按钮。

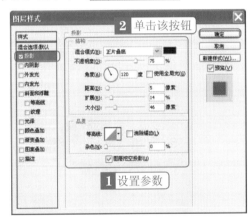

20 单击【添加图层样式】按钮，在弹出的菜单中选择【描边】菜单项。

选择该
菜单项

21 弹出【图层样式】对话框，将描边颜色设置为白色，设置如图所示的参数。

23 参照上述方法，输入其他文字，并添加投影效果，最终得到如图所示的效果。

3.2 数码照片色调的调整

本节首先介绍直方图的使用方法，其次介绍如何利用通道快速打造梦幻蓝色调的技巧。

3.2.1 直方图

直方图用图形表示图像的每个亮度级别的像素数量，展示像素在图像中的分布情况。

1. 了解直方图

直方图显示阴影中的细节（在直方图的左侧部分显示）、中间调（在中部显示）以及高光（在右侧部分显示）。直方图可以帮助用户确定某个图像是否有足够的细节来进行良好的校正。

直方图提供了图像色调范围或者图像基本色调类型的快速浏览图。暗色调图像的细节集中在阴影处，亮色调图像的细节集中在高光处，平均色调图像的细节集中在中间调处。全色调范围的图像在所有区域中都有大量的像素，所以识别色调范围有助于确定相应的色调校正。

2. 查看直方图

在Photoshop CS4中，【直方图】面板上提供了许多用来查看有关图像的色调和颜色信息的选项。默认情况下，直方图显示整个图像的色调范围。若要显示图像某一部分的直方图数据，就需要先选中该部分。

【直方图】面板一般是和【信息】面板组合在一起的。默认情况下，【直方图】面板以【紧凑视图】形式打开，并且没有控件或者统计数据。单击其右上角的■按钮，在弹出的下拉列表中可以根据需要选择不同的选项，例如选择【扩展视图】选项，面板将以【扩展视图】形式打开，如下图所示。

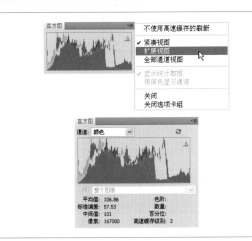

直方图的横轴从左到右代表照片从黑（阴影）到白（高光）的像素数量，暗色调图像的细节集中在阴影处，亮色调图像的细节集中在高光处，而平均色调图像的细节则集中在中间调处。直方图的竖轴表示明暗部分所占画面的面积的大小，峰值越高说明该明暗值的像素数量越多。

3.2.2　使用【通道】面板快速打造蓝色调

下面通过实例介绍如何在【通道】面板中快速打造蓝色调。

素材图片和最终效果的对比如下图所示。

本实例素材文件和最终效果所在位置如下。

	素材文件	第 3 章\素材文件\3.2\321.jpg
	最终效果	第 3 章\最终效果\3.2\321.psd

1 打开本实例对应的素材文件321.jpg。

2 选择【图像】▶【模式】▶【Lab颜色】
菜单项，转换图像模式。

3 打开【通道】面板，选中【a】通道，按
下【Ctrl】+【A】组合键全选该通道的内容。

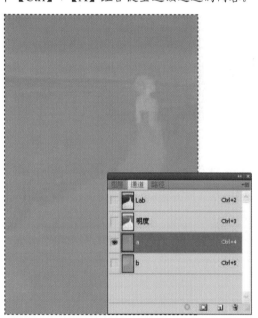

4 按下【Ctrl】+【C】组合键复制通道内
容，选中【b】通道，按下【Ctrl】+【V】组
合键进行粘贴。

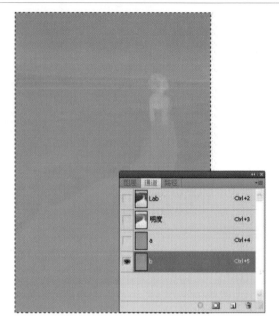

5 单击【RGB】通道，返回【图层】面
板，按下【Ctrl】+【D】组合键取消选区，最
终得到如图所示的效果。

最终效果

3.3 调整灰暗照片

本节通过实例介绍如何使用 Photoshop CS4 对灰暗照片进行调整，学习本节后，用户可以轻松掌握调整数码照片明暗的技巧。

素材图片和最终效果的对比如下图所示。

本实例素材文件和最终效果所在位置如下。

	素材文件	第 3 章＼素材文件＼3.3＼331.jpg
	最终效果	第 3 章＼最终效果＼3.3＼331.psd

1 打开本实例对应的素材文件331.jpg。

2 打开【调整】面板，在该面板中单击【自然饱和度】图标 ▼，在【自然饱和度】调板中设置如图所示的参数。

3 修正自然饱和度后得到如图所示的效果。

最终效果

应用【亮度／对比度】命令有何技巧?

4 单击【返回】按钮 ，在【调整】面板中单击【亮度/对比度】图标 ，在【亮度/对比度】调板中设置如图所示的参数。

设置参数

5 最终得到如图所示的效果。

使用【亮度/对比度】命令，可以对图像的色调范围进行简单的调整。将亮度滑块向右移动会增加色调值并扩展图像高光，而将亮度滑块向左移动会减少色调值并扩展阴影。对比度滑块可以扩展或收缩图像中色调值的总体范围。

在正常模式中，【亮度/对比度】命令会按比例调整图像图层。

当选定【使用旧版】复选框，在调整亮度时只是简单地增大或减小所有像素值。由于这样会造成修剪高光或阴影区域或者使其中的图像细节丢失，因此不建议在旧版模式下对摄影图像使用该命令。

在执行【亮度/对比度】命令时，可以选择【图像】▶【调整】▶【亮度/对比度】菜单项，即可打开相应的对话框。但是，这个方法是直接对图像图层进行调整并丢掉图像信息。

当在【调整】面板中使用【亮度/对比度】命令进行图像调整时，向左拖动滑块可以降低亮度和对比度，向右拖动滑块可以增加亮度和对比度。每个滑块值右边的数值反映亮度或对比度值。【亮度】值的范围是-150~+150，而【对比度】值的范围是-50~+100。

3.4 修正逆光照片

很多情况下摄影爱好者会逆光拍摄照片，但拍摄出的效果不尽人意，针对这种情况本节介绍如何修正逆光照片。

素材图片和最终效果的对比如下图所示。

本实例素材文件和最终效果所在位置如下。

素材文件	第3章\素材文件\3.4\341.jpg
最终效果	第3章\最终效果\3.4\341.psd

1 打开本实例对应的素材文件341.jpg。

2 按下【Ctrl】+【J】组合键复制【背景】图层，得到【图层1】图层。

复制图层

3 在【设置图层的混合模式】下拉列表中选择【滤色】选项，得到如图所示的效果。

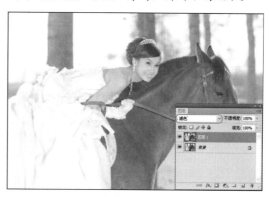

4 按下【Ctrl】+【J】组合键复制【图层1】图层，得到【图层1副本】图层。

复制图层

5 选择【图像】▷【调整】▷【去色】菜单项，将图像去色。在【设置图层的混合模式】下拉列表中选择【叠加】选项，在【填充】文本框中输入"47%"。

设置参数

7 最终得到如图所示的效果。

6 打开【调整】面板，单击【自然饱和度】图标▽，在【自然饱和度】对话框中设置如图所示的参数。

最终效果

3.5 锐化照片

　　"锐化"的概念是伴随着数码而产生的，数码照片必须要经过锐化才能解决"焦点发虚"的问题，使拍摄的主题纤毫毕现。

　　"锐化"滤镜通过增加相邻像素的对比度来聚焦模糊的图像。其中【锐化】和【进一步锐化】滤镜可以聚焦选区并提高其清晰度。

　　【锐化边缘】和【USM 锐化】滤镜可以查找图像中颜色发生显著变化的区域，然后将其锐化。对于专业色彩校正，可使用【USM 锐化】滤镜调整边缘细节的对比度，并在边缘的每侧生成一条亮线和一条暗线。

　　下面介绍如何使用Photoshop CS4锐化照片。

　　素材图片和最终效果的对比如图所示。

本实例素材文件和最终效果所在位置如下。

素材文件	第3章\素材文件\3.5\351.jpg
最终效果	第3章\最终效果\3.5\351.psd

1 打开本实例对应的素材文件351.jpg。

2 按下【Ctrl】+【J】组合键复制【背景】图层，得到【图层1】图层。

复制图层

3 选择【滤镜】▶【风格化】▶【查找边缘】菜单项。

选择该
菜单项

4 得到的图像效果如下图所示。

图像效果

5 按下【Ctrl】+【L】组合键，弹出【色阶】对话框，对话框中各参数设置如下图所示，设置完毕后单击　确定　按钮。

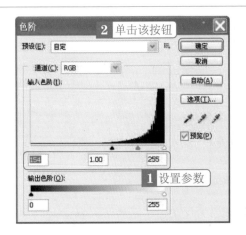

反选选区

6 选择【图像】▶【计算】菜单项，弹出
【计算】对话框，对话框中各参数设置如图
所示，设置完毕后单击 确定 按钮。

9 返回【图层】面板，单击【图层1】图层
左侧的 图标，隐藏【图层1】图层，然后选
择【背景】图层。

7 打开【通道】面板，按住【Ctrl】键的
同时单击【Alpha1】通道的通道缩览图，将
【Alpha1】通道载入选区。

10 按下【Ctrl】+【J】组合键，复制选区中
的图像并得到新图层【图层2】图层。

8 按下【Ctrl】+【Shift】+【I】组合键反
选选区。

11 选择【滤镜】▶【锐化】▶【USM锐
化】菜单项，弹出【USM 锐化】对话框，
对话框中各参数设置如图所示，然后单击
确定 按钮。

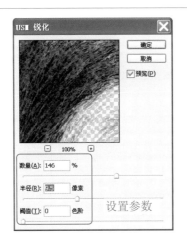

设置参数

12 最终得到如图所示的图像效果。

3.6 使用 Photomerge 功能拼接长幅照片

虽然有些大场景的美丽风景用数码镜头不能尽收眼底，但是使用 Photoshop CS4 的 Photomerge 功能可以将拍摄的多张不同部分的场景的照片轻松拼接成一长幅照片，从而使整个场景能够完美再现。本节介绍如何使用 Photomerge 功能拼接长幅照片。

素材图片和最终效果的对比如下图所示。

本实例素材文件和最终效果所在位置如下。	
素材文件	第 3 章 \ 素材文件 \3.6\1.jpg~3.jpg
最终效果	第 3 章 \ 最终效果 \3.6\1.psd

1 选择【文件】▷【自动】▷【Photomerge】菜单项。

选择该菜单项

2 弹出【Photomerge】照片合并对话框，在【使用】下拉列表中选择【文件】选项，然后单击 　浏览(B)... 　按钮。

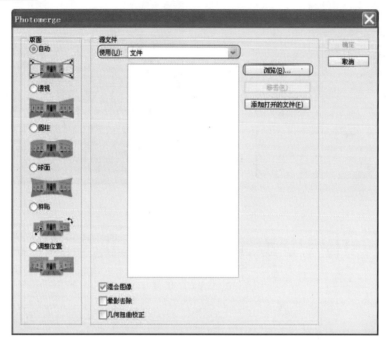

3 弹出【打开】对话框，从中选中素材文件1.jpg、2.jpg和3.jpg，然后单击 确定(O) 按钮。

选中素材文件

4 文件自动添加到预览区中，然后单击 确定 按钮。

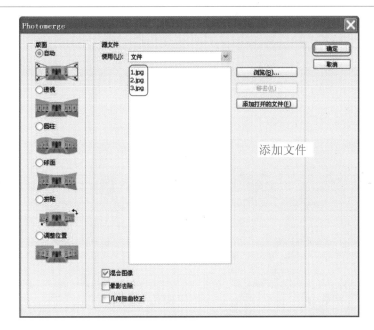

添加文件

5 系统在工作区中自动根据图像边缘将图像进行合并，工作区中显示如图所示的图像效果。

图像效果

6 选择【裁剪】工具，将图像区域选中，如图所示。

裁剪图像

7 得到满意效果后按下【Enter】键进行裁剪，最终得到的图像效果如图所示。

最终效果

3.7 处理蓝天的技巧

蓝色的天空向来是广大摄影爱好者钟爱的题材之一，本节介绍如何让天空更加蔚蓝。

素材图片和最终效果的对比如下图所示。

本实例素材文件和最终效果所在位置如下。

⊙	素材文件	第3章\素材文件\3.7\371.jpg
	最终效果	第3章\最终效果\3.7\371.psd

1 打开本实例对应的素材文件371.jpg。

2 按下【Ctrl】+【J】组合键，复制【背景】图层，得到【图层1】图层，如下图所示。

3 选择【选择】▶【色彩范围】菜单项，弹出【色彩范围】对话框，从中选择【吸管】工具 ，然后使用【吸管】工具 在背景上单击，对颜色进行取样。

取样颜色

4 选择【添加到取样】工具 ，使用该工具在背景中没有选中的地方单击添加选取颜色。

添加颜色

5 调整颜色容差滑块，参数设置如图所示，然后单击 确定 按钮。

设置参数

6 将天空载入选区，如下图所示。

图像效果

7 按下【Shift】+【F6】组合键，弹出【羽化选区】对话框，在【羽化半径】文本框中输入"5"，然后单击 确定 按钮。

设置参数

8 打开【图层】面板，单击【添加图层蒙版】按钮 ，为【图层1】图层创建图层蒙版。

添加蒙版

9 单击【图层1】图层的图层缩览图。

10 打开【调整】面板，单击【色彩平衡】图标，弹出【色彩平衡】调板，各参数设置如图所示。

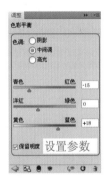

设置参数

11 单击【返回】按钮，在【调整】面板中单击【亮度/对比度】图标，在【亮度/对比度】调板中设置如图所示的参数。

设置参数

12 得到的图像效果如图所示。

图像效果

13 选择【图层1】图层，选择【图像】▷【调整】▷【自然饱和度】菜单项，弹出【自然饱和度】对话框，对话框中各参数设置如图所示，然后单击 确定 按钮。

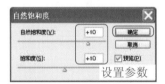

设置参数

14 得到的最终图像效果如图所示。

最终效果

3.8 处理晚霞技巧

美丽的晚霞常常让摄影爱好者欲罢不能，本节介绍使晚霞更加艳丽的技巧。

素材图片和最终效果的对比如下图所示。

本实例素材文件和最终效果所在位置如下。	
素材文件	第3章\素材文件\3.8\381.jpg
最终效果	第3章\最终效果\3.8\381.psd

1 首先打开Photoshop CS4操作界面，然后选择【文件】➤【打开为】菜单项。

文件(F)	编辑(E)	图像(I)	图层(L)	选择(S)	滤镜(T)	分析(A)

新建(N)...	Ctrl+N
打开(O)...	Ctrl+O
在 Bridge 中浏览(B)...	Alt+Ctrl+O
打开为...	Alt+Shift+Ctrl+O
打开为智能对象...	
最近打开文件(T)	选择该菜单项 ▶
共享我的屏幕...	
Device Central...	
关闭(C)	Ctrl+W
关闭全部	Alt+Ctrl+W
关闭并转到 Bridge...	Shift+Ctrl+W
存储(S)	Ctrl+S
存储为(A)...	Shift+Ctrl+S
签入...	
存储为 Web 和设备所用格式(D)...	Alt+Shift+Ctrl+S
恢复(V)	F12
置入(L)...	
导入(M)	▶
导出(E)	▶
自动(U)	▶
脚本(R)	▶
文件简介(F)...	Alt+Shift+Ctrl+I

2 弹出【打开为】对话框，选择要打开的素材文件，在【打开为】下拉列表中选择【Camera Raw】选项，单击 打开(O) 按钮。

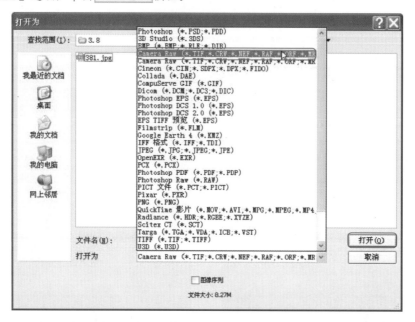

3 使用Camera Raw打开图像，如下图所示。

4 在【基本】选项组中，各参数设置如下图所示，然后单击 打开图像 按钮。

设置参数

5 得到的图像效果如下图所示。

图像效果

6 按下【Ctrl】+【J】组合键，复制【背景】图层，得到【图层1】图层。

复制图层

7 选择【图像】▶【调整】▶【色彩平衡】菜单项，弹出【色彩平衡】对话框，对话框中各参数设置如图所示，然后单击 确定 按钮。

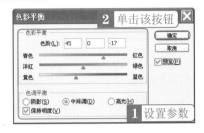

8 得到的图像效果如下图所示。

9 选择【图像】▶【调整】▶【亮度/对比度】菜单项，弹出【亮度/对比度】对话框，对话框中各参数设置如图所示，然后单击 确定 按钮。

10 选择【滤镜】▶【模糊】▶【高斯模糊】菜单项，在弹出的【高斯模糊】对话框中设置如图所示的参数，然后单击 确定 按钮。

12 最终得到如图所示的效果。

11 在【图层】面板中的【设置图层的混合模式】下拉列表中选择【柔光】选项。

最终效果

3.9 室外人像的处理技巧

本节介绍如何使室外人像在光照与色彩方面达到理想效果。

素材图片和最终效果的对比如下图所示。

本实例素材文件和最终效果所在位置如下。
素材文件　第3章\素材文件\3.9\391.jpg
最终效果　第3章\最终效果\3.9\391.psd

1 打开本实例对应的素材文件391.jpg。

2 按下【Ctrl】+【J】组合键复制【背景】图层，得到【图层1】图层。

复制图层

3 在【设置图层的混合模式】下拉列表中选择【滤色】选项，在【填充】文本框中输入"60%"。

4 按下【Ctrl】+【J】组合键复制【图层1】图层，得到【图层1副本】图层。

复制图层

5 选择【图像】▶【调整】▶【去色】菜单

项，将图像去色，在【填充】文本框中输入"82%"。

6 打开【调整】面板，单击【色彩平衡】图标，在【色彩平衡】调板中设置如图所示的参数。

设置参数

7 在【图层】面板中的【设置图层的混合模式】下拉列表中选择【正片叠底】选项。

8 单击【调整】面板中的【返回】按钮，单击【自然饱和度】图标，在【自然饱和度】对话框中设置如图所示的参数。

设置参数

9 按下【Ctrl】+【Alt】+【Shift】+【E】组合键盖印图层，得到【图层2】图层。

盖印图层

10 按下【Ctrl】+【J】组合键复制【图层2】图层，得到【图层2副本】图层。

复制图层

11 选择【图层2】图层，隐藏【图层2副本】图层，选择【滤镜】▷【模糊】▷【高斯模糊】菜单项，在弹出的【高斯模糊】对话框中设置如图所示的参数，然后单击 确定 按钮。

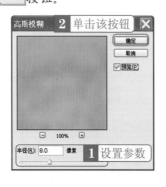

12 选择【图像】▷【调整】▷【色彩平衡】菜单项，在弹出的【色彩平衡】对话框中设置如图所示的参数，然后单击 确定 按钮。

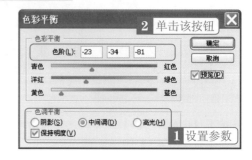

13 显示并选中【图层2副本】图层，单击【添加图层蒙版】按钮 □，为该图层添加图层蒙版。

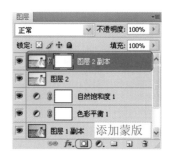

14 选择【画笔】工具 ，在工具选项栏中设置如图所示的参数。

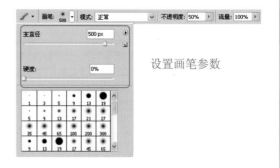
设置画笔参数

15 将前景色设置为黑色，在图像中涂抹稻田图像区域，隐藏部分图像，最终得到如图所示的效果。

最终效果

3.10 修复老照片

老照片往往由于保存时间过长或保存方法不当，留下一些"岁月"痕迹，本节介绍如何修复老照片，使其焕然一新。

素材图片和最终效果的对比如下图所示。

本实例素材文件和最终效果所在位置如下。

| 素材文件 | 第 3 章 \ 素材文件 \ 3.10\3101.jpg |
| 最终效果 | 第 3 章 \ 最终效果 \ 3.10\3101.psd |

1 打开本实例对应的素材文件3101.jpg。

2 按下【Ctrl】+【J】组合键，复制【背景】图层，得到【图层1】图层。

复制图层

3 按住【Alt】键向前滚动鼠标上的滑轮，放大图像。

放大图像

4 按住空格键，待鼠标指针变为形状时拖动图像，将有瑕疵的位置移至图像窗口范围内。

调整视图范围

5 选择【修补】工具，在工具选项栏中的设置如下图所示。

设置参数

6 在图像中划痕的临近位置单击，并按住鼠标左键不放，沿划痕的周围拖动，将划痕处的图像选中并载入选区。

绘制选区

7 将鼠标指针移至选区内，待鼠标指针变为形状时，单击并按住鼠标左键拖动选区至临近没有瑕疵的区域，然后释放鼠标左键。

8 按下【Ctrl】+【D】组合键取消选区，参照上述方法，将另一条划痕消除。

9 按住空格键，待鼠标指针变为 形状时拖动图像，将其他有污点的位置移至图像窗口范围内。

调整视图范围

10 选择【仿制图章】工具 ，在工具选项栏中设置如图所示的参数。

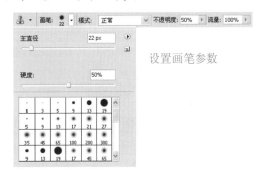

设置画笔参数

11 按住【Alt】键，待鼠标指针变为 形状时，在有污点的图像附近单击没有污点的图像部分作为仿制源。

12 释放【Alt】键，在有污点的位置连续单击鼠标左键，消除污点。

13 参照上述方法，将颈部的污点消除。

14 按下【[】键和【]】键调节【仿制图章】工具 🖺 的画笔直径，使其适合所要修复的污点的区域，将人物手臂和衣服上的污点去除，最终得到如图所示的效果。

最终效果

3.11 黑白照片上色

本节主要介绍在 Photoshop CS4 中如何给黑白照片上色，使单调的黑白老照片变得色彩斑斓。

素材图片和最终效果的对比如下图所示。

本实例素材文件和最终效果所在位置如下。

素材文件	第 3 章\素材文件\3.11\3111.jpg、3111.tiff
最终效果	第 3 章\最终效果\3.11\3111.psd

1 打开本实例对应的素材文件 3111.jpg。

2 选择【钢笔】工具 ✎，在工具选项栏中设置如图所示的选项。

设置钢笔工具选项

3 在图像中勾画出人物帽子的轮廓路径。

 使用【钢笔】工具应注意的问题

　　在使用【钢笔】工具 ✎ 进行路径的绘制时，在绘制完一段曲线后，可按住【Alt】键单击最后绘制的锚点，去除一侧手柄，这样继续绘制路径时，前面的锚点就不会影响到下面曲线的绘制了。

4 将前景色设置为 "ff00de" 号色，按下【Ctrl】+【Enter】组合键将闭合路径转换为选区。

转换选区

5 单击【图层】面板中的【创建新图层】按钮 ◻，新建图层。

新建图层

6 按下【Alt】+【Delete】组合键为选区填充前景色，按下【Ctrl】+【D】组合键取消选区。

取消选区

7 在【图层】面板中的【设置图层的混合模式】下拉列表中选择【柔光】选项。

8 选择【钢笔】工具，在图像中勾画唇部的轮廓路径。

9 将前景色设置为"d12700"号色，按下【Ctrl】+【Enter】组合键将闭合路径转换为选区。

转换选区

10 单击【图层】面板中的【创建新图层】

按钮 ，新建图层。

新建图层

11 按下【Alt】+【Delete】组合键为选区填充前景色，按下【Ctrl】+【D】组合键取消选区。

12 在【图层】面板中的【设置图层的混合模式】下拉列表中选择【柔光】选项。

选择【柔光】选项

13 打开本实例对应的素材文件3111.tiff。

14 选择【移动】工具 ，将图像中的花纹样式拖动到素材文件3111.jpg中。

15 在【图层】面板中的【填充】文本框中输入 "38%"。

16 按下【Ctrl】+【J】组合键复制图层，得到【图层3副本】图层。

17 按下【Ctrl】+【T】组合键调出调整控制框，在控制框内单击鼠标右键，在弹出的快捷菜单中选择【水平翻转】菜单项，并将图像移至图像文件的右下角。

18 在控制框内单击鼠标右键，在弹出的快捷菜单中选择【垂直翻转】菜单项，并适当缩小图像的大小，调整合适后按下【Enter】键确认操作。

19 将前景色设置为白色，选择【直排文字】工具 IT，在工具选项栏中设置适当的字体及字号，在图像中分别输入"时尚"和"颜色"，最终得到如图所示的效果。

第2篇

循序渐进——实战提高

在掌握了 Photoshop CS4 的基础知识以及对数码照片处理的基本操作之后，已经算是迈进了 Photoshop 数码照片处理的大门了。要想对数码照片做进一步的修饰和处理，还要掌握 Photoshop CS4 的图层、蒙版、通道等的综合运用以及 Photoshop CS4 其他功能的运用，以进行人像照片处理、场景照片的美化，以及照片的合成等。

| 第4章 | 人物照片数字美容 |

| 第5章 | 场景照片精彩特效 |

| 第6章 | 数码照片的趣味合成 |

新手

第 4 章
人物照片数字美容

Chapter

小月：小龙，数码照片常见问题的处理
技巧我已经掌握了，你能再给我详细地讲解
一下人像照片处理的相关技巧吗？

小龙：可以啊，我就从人像照片处理中常遇到的问题开始，以实例的方式给
你讲解吧。

小月：好的！

要点
导航

❀　去除红眼

❀　染发

❀　瘦脸瘦身

❀　数字彩妆

4.1 去除红眼

在室内拍摄的照片，往往由于闪光灯的问题出现红眼现象，本节介绍如何利用 Photoshop CS4 相关工具去除红眼。

素材文件与最终效果对比如下图所示。

本实例素材文件和最终效果所在位置如下。

素材文件	第 4 章 \ 素材文件 \4.1\411.jpg
最终效果	第 4 章 \ 最终效果 \4.1\411.jpg

1 打开本实例对应的素材文件411.jpg。

2 连续按下【Ctrl】+【+】组合键将图像放大。

3 按住【空格】键，待鼠标指针变为 形状时拖动图像，将眼睛拖至显示区域。

4 选择【红眼】工具 ，在工具选项栏中设置如图所示的参数。

瞳孔大小: 50% ▶ 变暗量: 50% ▶

设置参数

5 使用【红眼】工具 ，按住鼠标左键框选红眼部分的图像。

6 释放鼠标左键，消除部分红眼，得到如图所示的效果。

7 参照上述方法消除另一只眼睛的红眼，最终得到如图所示的效果。

最终效果

4.2 去除瑕疵

谁都希望照片中的自己是最漂亮、最完美的，然而数码照片所记录的人像未必都能尽如人意，这时就需要进行后期处理，即去除脸上的瑕疵，使人像看起来更加美丽。

素材文件与最终效果对比如下图所示。

本实例素材文件和最终效果所在位置如下。

素材文件	第4章\素材文件\4.2\421.jpg
最终效果	第4章\最终效果\4.2\421.psd

1 打开本实例对应的素材文件421.jpg，按下【Ctrl】+【J】组合键复制【背景】图层，得到【图层1】图层。

复制图层

2 选择【背景】图层，选择【滤镜】▶【模糊】▶【高斯模糊】菜单项，在弹出的【高斯模糊】对话框中设置如图所示的参数，然后单击 **确定** 按钮。

3 选择【图层1】图层，单击【添加图层蒙版】按钮 ，为该图层添加图层蒙版。

添加图层蒙版

4 选择【画笔】工具 ，在工具选项栏中设置如图所示的参数。

设置画笔参数

5 将前景色设置为黑色，交替按下【[】键和【]】键调节画笔直径，在人物面部肌肤有问题的区域涂抹，隐藏图像，得到如图所示的效果。

6 打开【调整】面板，单击【亮度/对比度】图标 ，在【亮度/对比度】调板中设置如图所示的参数。

设置参数

7 最终得到如图所示的效果。

4.3 染发

本节主要介绍为照片中人物的头发添加彩色效果的操作过程。

素材文件与最终效果对比如下图所示。

本实例素材文件和最终效果所在位置如下。		
素材文件	第 4 章 \ 素材文件 \4.3\431.jpg
最终效果	第 4 章 \ 最终效果 \4.3\431.psd

1 打开本实例对应的素材文件431.jpg。

2 单击【图层】面板中的【创建新图层】按钮 ⬚，新建图层。

3 选择【钢笔】工具 ✒，在工具选项栏中设置如图所示的参数。

4 在图像中人物的头发部分绘制闭合路径，效果如图所示。

5 按住【Ctrl】+【Enter】组合键将闭合路径转换为选区。

6 按下【Shift】+【F6】组合键，弹出【羽化选区】对话框，在该对话框中设置如图所示的参数，然后单击 **确定** 按钮。

设置参数

7 单击【设置前景色】颜色框，在弹出的【拾色器（前景色）】对话框中设置如图所示的参数，然后单击 **确定** 按钮。

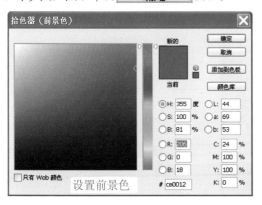

设置前景色

8 按下【Alt】+【Delete】组合键填充图像，按下【Ctrl】+【D】组合键取消选区，得到如图所示的效果。

9 在【图层】面板中的【设置图层的混合模式】下拉列表中选择【柔光】选项，在【填充】文本框中输入"75%"。

10 最终得到如图所示的效果。

4.4 瘦脸瘦身

使用 Photoshop 软件可以将人物身材或脸形不完美的部分加以修饰，使其变为想要的效果，本节主要介绍修正人物身形和脸形的操作过程。

素材文件与最终效果对比如下图所示。

本实例素材文件和最终效果所在位置如下。

素材文件	第 4 章\素材文件\4.4\441.jpg
最终效果	第 4 章\最终效果\4.4\441.psd

1 打开本实例对应的素材文件441.jpg。

2 选择【滤镜】➤【液化】菜单项，弹出【液化】对话框，选择【冻结蒙版】工具 ，在该对话框右侧的【工具选项】组中设置如图所示的参数。

3 在图像中涂抹需要编辑的图像的相邻图像。

4 选择【向前推进】工具 ，在右侧的【工具选项】组中设置如图所示的参数。

5 在图像中对人物的右手臂进行推挤，使其变瘦，效果如图所示。

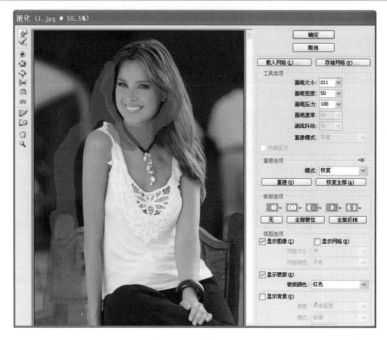

6 在右侧的【工具选项】组中设置如图所示的参数。

设置参数

7 在图像中对人物的脸部两侧进行推挤，使其变瘦，然后单击 确定 按钮。

8 液化后得到如图所示的效果。

设置参数

10 最终得到如图所示的效果。

9 打开【调整】面板，单击【亮度/对比度】图标 ☀，在【亮度/对比度】调板中设置如图所示的参数。

4.5 数字彩妆

爱美之心人皆有之，即使不会化妆也没关系，本节介绍如何轻松打造数字彩妆。

素材文件与最终效果对比如下图所示。

	本实例素材文件和最终效果所在位置如下。
素材文件	第4章\素材文件\4.5\451a.jpg~451d.jpg
最终效果	第4章\最终效果\4.5\451.psd

1. 绘制彩妆

1 打开本实例对应的素材文件451a.jpg，将前景色设置为"fc916d"号色，选择【画笔】工具 ✏，在工具选项栏中设置如图所示的参数。

设置画笔参数

2 单击【创建新图层】按钮 🔲，新建图层。

新建图层

3 在图像中人物的唇部位置进行涂抹，添加颜色，效果如图所示。

4 在【设置图层的混合模式】下拉列表中选择【颜色加深】选项，在【填充】文本框中输入"60%"。

5 选择【钢笔】工具 ✒，在图像中绘制如图所示的闭合路径。

6 按下【Ctrl】+【Enter】组合键，将闭合路径转换为选区。

7 按下【Shift】+【F6】组合键，弹出【羽化选区】对话框，在该对话框中设置如图所示的参数，然后单击 确定 按钮。

设置参数

8 将前景色设置为 "fc916d" 号色，单击【创建新图层】按钮 ⬚，新建图层，按下【Alt】+【Delete】组合键填充选区。

9 按下【Ctrl】+【D】组合键取消选区，在【设置图层的混合模式】下拉列表中选择【柔光】选项，在【填充】文本框中输入"60%"。

2. 绘制眼影

1 单击【创建新图层】按钮 ⬚，新建图层，在【设置图层的混合模式】下拉列表中选择【正片叠底】选项。

2 将前景色设置为 "fc916d" 号色，选择【画笔】工具 ✎，在工具选项栏中设置如图所示的参数。

设置画笔参数

3 在图像中人物眼睛的上边缘涂抹，添加眼影。

4 选择【滤镜】▶【模糊】▶【高斯模糊】菜单项，弹出【高斯模糊】对话框，在该对话框中设置如图所示的参数，然后单击 确定 按钮。

5 选择【钢笔】工具 ✎，在图像中绘制如图所示的两条曲线路径。

6 将前景色设置为"5e363c"号色，选择【画笔】工具 🖌，在工具选项栏中设置如图所示的参数。

设置参数

7 单击【创建新图层】按钮 🔲，新建图层，在【设置图层的混合模式】下拉列表中选择【正片叠底】选项。

新建图层

8 按住【Alt】键单击【路径】面板中的【用画笔描边路径】按钮 ⭕，弹出【描边路径】对话框，然后单击 确定 按钮。

设置参数

9 单击面板的空白位置，显示描边效果。选择【滤镜】▶【模糊】▶【高斯模糊】菜单项，弹出【高斯模糊】对话框，在该对话框中设置如图所示的参数，然后单击 确定 按钮。

10 参照上述方法，将画笔直径调小，为下眼睑添加眼影效果。

3. 添加装饰

1 打开本实例对应的素材文件451b.jpg。

2 选择【椭圆选框】工具 ⭕，框选图像中左边的钻石。

3 选择【选择】▶【变换选区】菜单项。

选
择
该
菜
单
项

4 调整选区，将钻石轮廓载入选区。

5 按下【Ctrl】+【C】组合键复制选区内的图像，选择素材文件461a.jpg，按下【Ctrl】+【V】组合键粘贴复制的图像。

6 按下【Ctrl】+【T】组合键调节钻石的大小，并移动其位置，调整合适后按下【Enter】键确认操作。

7 单击【添加图层样式】按钮 ，在弹出的菜单中选择【投影】菜单项。

选择
该菜
单项

8 在弹出的【图层样式】对话框中设置如图所示的参数，然后单击 确定 按钮。

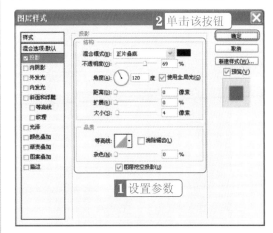

9 参照上述方法编辑其他的钻石，为人物的眼部添加装饰。

10 打开本实例对应的素材文件451c.jpg。

11 选择【钢笔】工具 ，在图像中绘制如图所示的闭合路径。

12 按下【Ctrl】+【Enter】组合键，将闭合路径转换为选区。

13 按下【Ctrl】+【C】组合键复制选区内的图像，选择素材文件461a.jpg，按下【Ctrl】+【V】组合键粘贴复制的图像。

14 按下【Ctrl】+【T】组合键调整图像的大小，调整合适后按下【Enter】键确认操作。

15 参照上述方法编辑其他的花朵，为人物的头部添加装饰。

16 选择【图层6副本4】图层，单击【创建新图层】按钮 ，新建图层。

17 选择【椭圆选框】工具 ，在工具选项栏中设置如图所示的选项。

设置参数

18 在图像中绘制如图所示的选区。

19 按下【Shift】+【F6】组合键，弹出【羽化选区】对话框，在该对话框中设置如图所示的参数，然后单击 确定 按钮。

设置参数

20 选择【渐变】工具 ，将前景色设置为黑色，在工具选项栏中设置如图所示的选项。

设置渐变参数

21 按住【Shift】键在选区内水平拖动鼠标，添加渐变效果。

22 按下【Ctrl】+【D】组合键取消选区，在【设置图层的混合模式】下拉列表中选择【叠加】选项。

23 打开本实例对应的素材文件461d.jpg。

24 选择【移动】工具，将素材文件461d. jpg拖动到素材文件461a.jpg中。

25 按下【Ctrl】+【T】组合键调整图像的大小，调整合适后按下【Enter】键确认操作。在【图层】面板中的【设置图层的混合模式】下拉列表中选择【深色】选项，在【填充】文本框中输入"18%"。

26 单击【添加图层蒙版】按钮，为该图层添加图层蒙版。

27 选择【画笔】工具，在工具选项栏中设置如图所示的参数。

设置画笔参数

28 在图像中涂抹人物部分，将部分图像隐藏，最终得到如图所示的效果。

Chapter 5

小月：小龙，人像照片的处理技巧我已
经掌握了，今天要学习什么呢?

小龙：我们今天来学习一下风景照片的处理技巧吧。

小月：好的，在拍摄风景照片时，常常拍不到自己想要的特殊效果该怎么办呢?

小龙：我们可以在 Photoshop CS4 中为风景照片添加特殊的效果。

要点
导航 ⇨

✿ 唯美雪景

✿ 国画效果的制作

✿ 晨雾效果的制作

✿ 添加光晕效果

✿ 动感照片的制作

5.1 唯美雪景

本实例主要介绍将夏季的照片制作成冬天白雪飘舞，让人产生无限遐想的唯美画面。

素材文件与最终效果对比如下图所示。

本实例素材文件和最终效果所在位置如下。

	素材文件	第5章\素材文件\5.1\511.jpg
	最终效果	第5章\最终效果\5.1\511.psd

1 打开本实例对应的素材文件511.jpg，单击【创建新的填充或调整图层】按钮 ◑.，在弹出的菜单中选择【通道混合器】菜单项。

选择该
菜单项

2 在【通道混合器】调板中设置如图所示的参数。

设置参数

3 在【设置图层的混合模式】下拉列表中选择【变亮】选项。

4 单击【图层】面板中的【创建新图层】按钮 ◪，新建图层。

新建图层

5 将前景色设置为白色，打开【通道】面板，单击【创建新通道】按钮 ◪，新建通道。

6 选择【滤镜】➤【像素化】➤【点状化】菜单项，在弹出的【点状化】对话框中设置如图所示的参数，然后单击 确定 按钮。

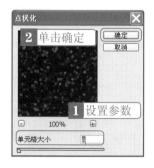

7 选择【图像】➤【调整】➤【阈值】菜单项，在该对话框中设置如图所示的参数，然后单击 确定 按钮。

8 按住【Ctrl】键单击【Alpha1】通道的图层缩览图，将图像中的白色区域载入选区。

9 单击【图层】面板中的【图层1】图层，按下【Alt】+【Delete】组合键填充选区，按

下【Ctrl】+【D】组合键取消选区。

10 选择【滤镜】➤【模糊】➤【动感模糊】菜单项，在弹出的【动感模糊】对话框中设置如图所示的参数，然后单击 确定 按钮。

11 执行【动感模糊】滤镜后得到如图所示的效果。

12 单击【创建新的填充或调整图层】按钮，在弹出的菜单中选择【色彩平衡】菜单

项。

选择该
菜单项

13 在【色彩平衡】调板中设置如图所示的
参数。

设置参数

14 最终得到如图所示的效果。

5.2 国画效果的制作

　　本节主要介绍在 Photoshop CS4 中通过转换色彩和添加滤镜效果，把一幅普通的风景画制作
成一幅古朴典雅的国画效果。

　　素材文件与最终效果对比如下图所示。

	本实例素材文件和最终效果所在位置如下。
素材文件	第 5 章 \ 素材文件 \5.2\521.jpg
最终效果	第 5 章 \ 最终效果 \5.2\521.psd

1 打开本实例对应的素材文件521.jpg。

2 按下【Ctrl】+【J】组合键复制【背景】图层，得到【图层1】图层，如图所示。

3 选择【图像】➤【调整】➤【去色】菜单项，如图所示。

4 按下【Ctrl】+【I】组合键，反转图像中的颜色，如图所示。

5 选择【图像】➤【调整】➤【亮度/对比度】菜单项，在弹出的【亮度/对比度】对话框中设置如图所示的参数，然后单击 确定 按钮。

6 选择【滤镜】➤【画笔描边】➤【喷溅】菜单项，弹出【喷溅】对话框，在该对话框中设置如图所示的参数，然后单击 确定 按钮。

7 单击【图层】面板中的【创建新图层】按钮，新建【图层2】图层，在【设置图层的混合模式】下拉列表中选择【颜色加深】选项，在【填充】文本框中输入"41%"，如图所示。

8 单击【设置前景色】颜色框，在弹出的【拾色器（前景色）】对话框中设置如图所示的参数，然后单击 确定 按钮。

9 选择【画笔】工具 ，在工具选项栏中设置如图所示的参数。

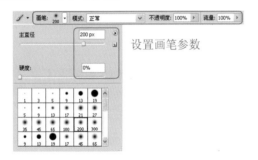

设置画笔参数

10 在花瓣上涂抹给花瓣上色，如下图所示。

11 单击【设置前景色】颜色框，在弹出的【拾色器（前景色）】对话框中设置如图所示的参数，然后单击 确定 按钮。

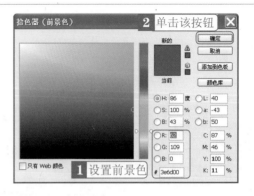

12 单击【图层】面板中的【创建新图层】按钮 ，新建【图层2】图层，在【设置图层的混合模式】下拉列表中选择【颜色加深】选项，在【填充】文本框中输入"81%"，如下图所示。

新建图层

13 选择【画笔】工具 ，在花叶上涂抹给其上色，如下图所示。

14 将前景色设置为黑色，选择【横排文字】工具 T ，在工具选项栏中设置适当的字体及字号。

字体样式　　　　字体大小

15 在图像中输入"荷"字，单击工具选项栏中的【提交所有当前编辑】按钮 ，确认

操作。

16 参照上述方法，调小字号，在图像中输
入其他文字，得到如图所示的效果。

17 将前景色设置为 "f20000" 号色，选择
【矩形】工具 ▢ ，在工具选项栏中设置如图
所示的参数。

设置矩形参数

18 单击【图层】面板中的【创建新图层】
按钮 ▣ ，新建图层。

新建图层

19 按住【Shift】键在图像中绘制如图所示
的矩形。

20 选择【滤镜】▷【扭曲】▷【波纹】菜单
项，在弹出的【波纹】对话框中设置如图所
示的参数，然后单击 ┃ 确定 ┃ 按钮。

21 在【图层】面板中的【设置图层的混合
模式】下拉列表中选择【溶解】选项。

22 将前景色设置为白色，选择【横排文
字】工具 T ，在工具选项栏中设置适当的字
体及字号。

字体样式　　　字体大小

23 在图像中输入如图所示的文字，单击工

具选项栏中的【提交所有当前编辑】按钮☑
确认操作。

24 单击【图层】面板中的【添加图层样式】按钮 **fx.**，在弹出的菜单中选择【内阴影】菜单项。

选择该
菜单项

25 在弹出的【图层样式】对话框中设置如图所示的参数，然后单击 确定 按钮。

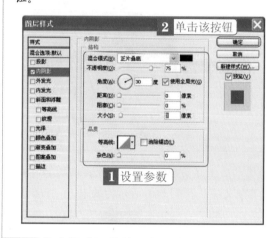

26 最终得到如图所示的效果。

5.3 晨雾效果的制作

　　清晨，偶尔会有一层薄雾浮在空中，非常漂亮，但是拍摄这种场景的机会并不容易碰到。下面介绍如何在 Photoshop CS4 中为风景照片添加晨雾特效。

　　素材文件与最终效果对比如下图所示。

本实例素材文件和最终效果所在位置如下。

素材文件	第 5 章 \ 素材文件 \5.3\531.jpg
最终效果	第 5 章 \ 最终效果 \5.3\531.psd

1 打开本实例对应的素材文件531.jpg，单击【图层】面板中的【创建新图层】按钮 ，新建图层。

2 单击工具箱中的【以快速蒙版模式编辑】按钮 ，转换为蒙版模式编辑。

3 选择【滤镜】➤【渲染】➤【云彩】菜单项，为图像添加云彩效果。

4 单击工具箱中的【以标准模式编辑】按钮 ，转换回图像标准模式编辑。

5 按下【Shift】+【F6】组合键，弹出【羽化选区】对话框，在该对话框中设置如图所示的参数，然后单击 确定 按钮。

6 将前景色设置为白色，按下【Alt】+【Delete】组合键填充选区。

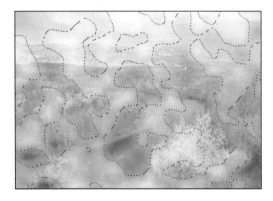

7 按下【Ctrl】+【D】组合键取消选区，在【图层】面板中的【填充】文本框中输入"72%"。

8 最终得到如图所示的效果。

5.4 添加光晕效果

一张普通的室外照片，若想表现出阳光的灿烂，可以使用滤镜制作出明媚的阳光效果，使整张照片焕然一新。

素材图片与最终效果对比如下图所示。

本实例素材文件和最终效果所在位置如下。	
素材文件	第5章\素材文件\5.4\541.jpg
最终效果	第5章\最终效果\5.4\541.psd

1 打开本实例对应的素材文件541.jpg，按下【Ctrl】+【J】组合键，复制【背景】图层，得到【图层1】图层。

复制图层

2 选择【滤镜】▶【渲染】▶【镜头光晕】菜单项，弹出【镜头光晕】对话框。

【镜头光晕】对话框

3 在该对话框中将预览区域的十字光标移至照片的右上角，并设置如图所示的参数，然后单击 确定 按钮。

2 单击该按钮

1 设置参数

4 单击【添加图层蒙版】按钮 ，为当前图层添加图层蒙版。

添加蒙版

5 选择【画笔】工具 ，在工具选项栏中设置如图所示的参数。

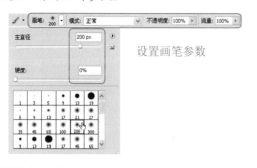

设置画笔参数

6 将前景色设置为黑色，在图像中涂抹人

物部分的图像，最终得到如图所示的效果。

5.5 动感照片的制作

利用滤镜和图层蒙版可以合成特殊效果的照片，本节主要介绍如何利用图层蒙版和滤镜制作出动感十足的照片效果。

素材图片与最终效果对比如下图所示。

本实例原始文件和最终效果所在位置如下。	
原始文件	第 5 章 \ 素材文件 \5.5\551.jpg
最终效果	第 5 章 \ 最终效果 \5.5\551.psd

1 打开本实例对应的素材文件551.jpg。

2 按下【Ctrl】+【J】组合键复制图层，得到【图层1】图层。

复制图层

3 选择【滤镜】▶【模糊】▶【径向模糊】菜单项，在弹出的【径向模糊】对话框中设置如图所示的参数，然后单击 确定 按钮。

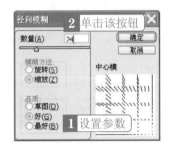

4 添加径向模糊滤镜后，得到如图所示的效果。

5 选择【滤镜】▶【模糊】▶【动感模糊】菜单项，在弹出的【动感模糊】对话框中设置如图所示的参数，然后单击 确定 按钮。

6 使用动感模糊滤镜后，得到如图所示的效果。

7 单击【图层】面板中的【添加图层蒙版】按钮 ，为图层添加图层蒙版。

8 选择【画笔】工具 ，在工具选项栏中设置如图所示的参数。

9 将前景色设置为黑色，在图像中涂抹，隐藏部分图像，最终得到如图所示的效果。

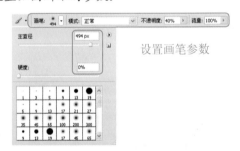

新手

第 6 章
数码照片的趣味合成

Chapter

小月：小龙，你能教我一些数码照片的
合成技巧吗？

小龙：当然可以了。

小月：那你就给我讲一些关于数码照片的趣味合成的实例吧。

小龙：好的。

要点
导航

6.1 幸福花园

为照片添加漂亮的背景可以营造出不一样的氛围，本节介绍如何为单一背景的照片替换背景营造幸福的氛围。

素材图片与最终效果对比如下图所示。

本实例素材文件和最终效果所在位置如下。

| 素材文件 | 第6章\素材文件\6.1\611a.jpg~611b.jpg、611.tiff |
| 最终效果 | 第6章\最终效果\6.1\611.psd |

1 打开本实例对应的素材文件611b.jpg。

2 按下【Ctrl】+【J】组合键，复制【背景】图层，得到【图层1】图层，如图所示。

复制图层

3 打开【图层】面板，单击【添加图层蒙版】按钮，为【图层1】图层创建图层蒙版，如图所示。

添加蒙版

4 打开【通道】面板，选择【红】通道，隐藏其他通道，如图所示。

5 按下【Ctrl】+【A】组合键，将【红】通道图像全选。

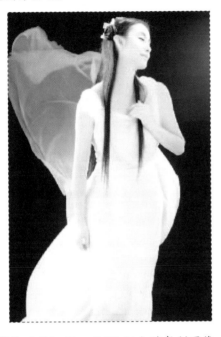

6 按下【Ctrl】+【C】组合键复制图像，然后选择【图层1蒙版】图层并显示所有通道，按下【Ctrl】+【V】组合键粘贴图像，如图所示。

7 返回【图层】面板，隐藏【背景】图层，按下【Ctrl】+【D】组合键取消选择，得到的图像效果如图所示。

8 按下【Shift】键的同时，单击【图层1】图层的图层蒙版缩览图，停用【图层1】图层的图层蒙版，如图所示。

9 选择【钢笔】工具，在工具选项栏中各参数的设置如图所示。

10 使用【钢笔】工具 ✑ 勾画出人物轮廓的路径，如图所示。

11 按下【Ctrl】+【Enter】组合键将路径转换为选区，如图所示。

12 单击【图层1】图层的图层蒙版缩览图，恢复使用图层蒙版。

13 选择【橡皮擦】工具 ✑，在工具选项栏中的设置如图所示。

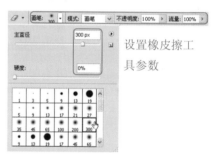

设置橡皮擦工具参数

14 选择【图层1】图层的图层蒙版，交替按下【[】和【]】键调整画笔的直径，使用【橡皮擦】工具 ✑ 在人物部分涂抹擦出人物，得到的图像效果如图所示。

15 按下【Ctrl】+【D】组合键取消选区，打开本实例对应的素材文件611a.jpg。

16 使用【移动】工具 将素材文件611b.jpg中添加图层蒙版的人物图像拖到素材文件611a.jpg中。

17 按下【Ctrl】+【T】组合键，调整图像大小和位置，按下【Enter】键使用变换效果，图像效果如图所示。

18 打开本实例对应的素材文件611.tiff。

19 使用【移动】工具 将611.tiff中的图像拖动到611a.jpg文件中。

20 单击【图层】面板中的【创建新的或调整图层】按钮 ，在弹出的菜单中选项【渐变】菜单项。

选择该菜单项

21 在弹出的【渐变填充】文本框中设置如图所示的参数及选项，然后单击 **确定** 按钮。

22 在【图层】面板中的【设置图层的混合模式】下拉列表中选择【叠加】选项，在【填充】文本框中输入"50%"。

23 打开【调整】面板，单击【色彩平衡】
图标 ，在【色彩平衡】调板中设置如图所
示的参数。

24 单击【返回】按钮，返回【调整】面
板，单击【色相/饱和度】图标 ，在【色相/
饱和度】调板中设置如图所示的参数。

25 最终得到如图所示的效果。

6.2 复古色调

　　复古已逐渐成为一种流行时尚，服饰的复古趋向，饰品的复古形式，等等，照片也可以制
作出复古的感觉。下面通过实例介绍制作复古照片的操作方法。

　　素材图片和最终效果对比如图所示。

本实例素材文件和最终效果所在位置如下。

素材文件	第6章\素材文件\6.2\621.jpg
最终效果	第6章\最终效果\6.2\621.psd

1 打开本实例对应的素材文件621.jpg，选择【图像】➤【调整】➤【色相/饱和度】菜单项，弹出【色相/饱和度】对话框，在该对话框中设置如图所示的参数，然后单击 确定 按钮。

2 降低饱和度后得到如图所示的效果。

3 选择【图像】➤【调整】➤【亮度/对比度】菜单项，弹出【亮度/对比度】对话框，

在该对话框中设置如图所示的参数，然后单击 确定 按钮。

4 选择【图像】➤【模式】➤【CMYK颜色】菜单项，变换图像的颜色模式。单击【图层】面板中的【创建新的填充或调整图层】按钮，在弹出的菜单中选择【通道混合器】菜单项。

5 在【通道混合器】调板中的【输出通道】下拉列表中选择【黄色】选项，并设置如图所示的参数。

6 在【输出通道】下拉列表中选择【洋红】选项，并设置如图所示的参数。

设置参数

7 最终得到如图所示的效果。

最终效果

6.3 老电影效果

一张普通的室外照片，若想展现美好的回忆，可以利用滤镜和通道制作出老电影的效果，使整张照片附上回忆的影子。

素材图片和最终效果对比如图所示。

memory
岁月如歌 记忆的河

	本实例素材文件和最终效果所在位置如下。
素材文件	第6章\素材文件\6.3\631.jpg
最终效果	第6章\最终效果\6.3\631.psd

1 打开本实例对应的素材文件631.jpg，选

择【横排文字】工具 T，在工具选项栏中设置适当的字体及字号。

字体样式　　　　　字体大小

2 在图像中输入如图所示的文字。

3 在【图层】面板中的【填充】文本框中输入"78%"。

4 选择【横排文字】工具 T，在工具选项栏中设置适当的字体及字号。

字体样式　　　　字体大小

5 在图像中输入"岁月如歌 记忆如河"，在【图层】面板中的【填充】文本框中输入"78%"。

6 打开【调整】面板，单击【色彩平衡】图标 ⚖，在【色彩平衡】调板中设置如图所示的参数。

7 在【图层】面板中单击【创建新的填充或调整图层】按钮，在弹出的菜单中选择【渐变】菜单项。

8 在弹出的【渐变填充】对话框中设置如图所示的参数及选项，然后单击 **确定** 按钮。

9 在【图层】面板中的【填充】文本框中输入"60%"。

10 在【图层】面板中单击鼠标左键选中【渐变填充1】图层的图层蒙版缩览图。

11 按住【Ctrl】键在【Memory】文字图层的图层缩览图上单击鼠标左键，将文字载入选区。

12 将前景色设置为黑色，选择【画笔】工具 ✐，在工具选项栏中设置如图所示的参数。

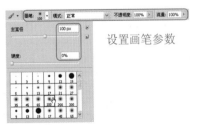

设置画笔参数

13 在图像中涂抹载入选区的文字"Memory"，将部分图像隐藏，然后按下【Ctrl】+【D】组合键取消选区，得到如图所示的效果。

14 参照上述方法将文字"岁月如歌 记忆如河"进行同样的编辑，得到如图所示的效果。

15 单击【图层】面板中的【创建新图层】按钮 ，新建图层。

新建图层

16 将前景色设置为白色，按下【Alt】+【Delete】组合键填充图像为白色。

17 打开【通道】面板，单击【创建新图层】按钮 ，新建通道。

18 选择【滤镜】▶【纹理】▶【颗粒】菜单项，在弹出的【颗粒】对话框中设置如图所示的选项及参数，然后单击 确定 按钮。

19 按住【Ctrl】键单击【Alpha1】通道的图层缩览图，将部分图像载入选区。

20 打开【图层】面板，选择【渐变填充1】图层，单击【创建新图层】按钮，新建图层。

21 隐藏【图层1】图层，将前景色设置为黑色，按下【Alt】+【Delete】组合键填充选区，按下【Ctrl】+【D】组合键取消选区。

22 单击【添加图层蒙版】按钮 ，为该图层添加图层蒙版。

23 选择【画笔】工具 ，在工具选项栏中设置如图所示的参数。

24 在图像中人物的肌肤部分涂抹，隐藏部分图像，最终得到如图所示的效果。

6.4 火焰效果

本节介绍如何制作酷炫的火焰效果。

素材图片与最终效果对比如下图所示。

本实例素材文件和最终效果所在位置如下。

	素材文件	第6章\素材文件\6.4\641a.jpg~641c.jpg
	最终效果	第6章\最终效果\6.4\641.psd

1. 火焰设计

1 打开本实例对应的素材文件641a.jpg和641b.jpg，选择【移动】工具 ，将素材文件641b.jpg中的图像拖动到素材文件641a.jpg中。

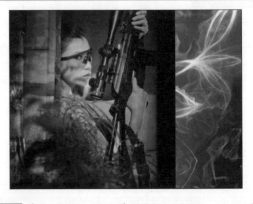

2 单击【添加图层蒙版】按钮 ，为该图层添加图层蒙版。

3 将前景色设置为黑色，背景色设置为白色，选择【渐变】工具 ，在工具选项栏中设置如图所示的选项。

设置渐变参数

4 在图像中由右向左拖动鼠标，再由左向右拖动鼠标，添加渐变效果，得到如图所示的效果。

5 选择【画笔】工具 ，在工具选项栏中设置如图所示的参数。

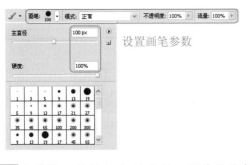

设置画笔参数

6 交替按下【[】键和【]】键，调节画笔直径，在图像中涂抹部分图像，得到如图所示

的效果。

7 单击【创建新的填充或调整图层】按钮 ，在弹出的菜单中选择【色彩平衡】菜单项。

选择该菜单项

8 在【色彩平衡】调板中设置如图所示的参数。

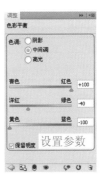

设置参数

9 按下【Ctrl】+【Alt】+【G】组合键将

【色彩平衡1】图层嵌入到下一图层中。

【亮度/对比度1】图层嵌入到下一图层中。

10 单击【创建新的填充或调整图层】按钮 ，在弹出的菜单中选择【亮度/对比度】菜单项。

选择该
菜单项

11 在【亮度/对比度】调板中设置如图所示的参数。

设置参数

12 按下【Ctrl】+【Alt】+【G】组合键将

13 打开本实例对应的素材文件641c.jpg。

14 选择【移动】工具 ，将素材文件641c.jpg中的图像拖动到素材文件641a.jpg中。

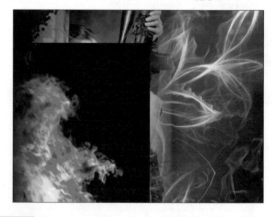

15 按下【Ctrl】+【Alt】+【G】组合键取消火焰素材的嵌入效果，在【设置图层的混合模式】下拉列表中选择【变亮】选项，在【填充】文本框中输入"68%"。

16 按下【Ctrl】+【J】组合键复制图层，得到【图层2副本】图层。

17 在【设置图层的混合模式】下拉列表中选择【颜色减淡】选项，在【填充】文本框中输入"21%"。

18 单击【添加图层蒙版】按钮 ，为该图层添加图层蒙版。

19 将前景色设置为黑色，选择【渐变】工具 ，在工具选项栏中设置如图所示的选项。

设置渐变参数

20 按住【Shift】键在图像中由下至上拖动鼠标，添加渐变效果。

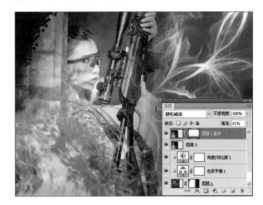

21 单击【创建新的填充或调整图层】按钮 ，在弹出的菜单中选择【色彩平衡】菜单项。

选择该菜单项

22 在【色彩平衡】调板中设置如图所示的参数。

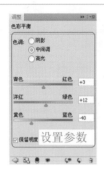

23 单击【创建新的填充或调整图层】按钮 ，在弹出的菜单中选择【曲线】菜单项。

选择该
菜单项

24 在【曲线】调板中设置如图所示的曲线 参数。

调整参数

25 设置完成后得到如图所示的效果。

2. 添加装饰及文字

1 选择【图层2副本】图层，单击【创建新 图层】按钮 ，新建图层。

2 将前景色设置为白色，选择【矩形】工 具 ，在工具选项栏中设置如图所示的选 项。

3 在图像中绘制如图所示的线条样式。

4 单击【添加图层样式】按钮 ，在弹出 的菜单中选择【外发光】菜单项。

选择该
菜单项

5 在弹出的【图层样式】对话框中设置如图所示的参数。

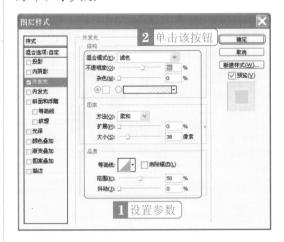

6 选中【内发光】复选框，设置如图所示的参数，然后单击 **确定** 按钮。

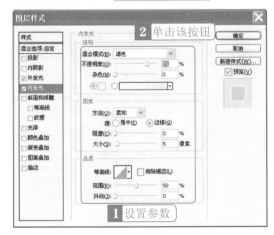

7 在【图层】面板中的【填充】文本框中输入"17%"。

8 单击【添加图层蒙版】按钮 ，为该图层添加图层蒙版。

9 将前景色设置为黑色，选择【画笔】工具 ，在工具选项栏中设置如图所示的参数。

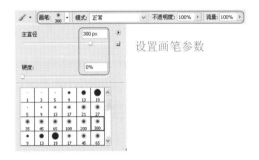

设置画笔参数

10 在图像中涂抹人物部分的线条图像，得到如图所示的效果。

11 将前景色设置为白色，选择【横排文字】工具 T ，在工具选项栏中设置适当的字体及字号。

字体样式　　　　字体大小

12 在图像中输入如图所示的文字，输入完成后单击工具选项栏中的【提交所有当前编辑】按钮 ，确认操作。

13 选择【图层3】图层，在该图层上单击鼠标右键，在弹出的菜单中选择【拷贝图层样式】菜单项。

选择该
菜单项

14 选择文字图层，在该图层上单击鼠标右键，在弹出的菜单中选择【粘贴图层样式】菜单项。

选择该
菜单项

15 添加图层样式后得到如图所示的效果。

16 选择【横排文字】工具 T，在工具选项栏中设置适当的字体及字号。

字体样式　　　　字体大小

17 在图像中输入如图所示的文字，输入完成后单击工具选项栏中的【提交所有当前编辑】按钮 ✓，确认操作。

18 选择【曲线1】图层，单击【创建新图层】按钮，新建图层。

新建图层

19 将前景色设置为白色，选择【画笔】工具 ✎，打开【画笔】面板，分别设置【画笔笔尖形状】选项组参数、【形状动态】选项组参数和【散布】选项组参数，如下图所示。

设置参数

设置参数

20 在图像中绘制如图所示的光点，最终得到如图所示的效果。

设置参数

6.5 羽翼效果

　　洁白的翅膀被誉为天使的象征，能够拥有一对天使的翅膀是少男少女梦寐以求的。现在能拥有一对天使的翅膀已不再是梦想，Photoshop CS4 可以轻松完成关于翅膀的梦想。

　　素材图片与最终效果对比如下图所示。

	本实例素材文件和最终效果所在位置如下。	
◎	素材文件	第6章\素材文件\6.5\651.jpg、651.tiff
	最终效果	第6章\最终效果\6.5\651.psd

1. 添加翅膀

1 打开本实例对应的素材文件651.jpg，按下【Ctrl】+【J】组合键复制图层，得到【图层1】图层。

复制图层

2 选择【钢笔】工具 ◊，在工具选项栏中设置如图所示的选项。

3 在图像中沿着人物的轮廓绘制如图所示的闭合路径。

4 按下【Ctrl】+【Enter】组合键将路径转换为选区。

5 按下【Shift】+【F6】组合键，弹出【羽化选区】对话框，在该对话框中设置如图所示的参数，然后单击 确定 按钮。

6 单击【图层】面板中的【添加图层蒙版】按钮 ，蒙版选区外的图像。

添加蒙版

7 打开本实例对应的素材文件651.tiff，选择【左翼】图层。

8 选择【移动】工具 ，将【左翼】图层中的图像拖动到文件651.jpg中，并将该图层移至【图层1】图层的下方。

9 在【图层】面板中的【设置图层的混合模式】下拉列表中选择【叠加】选项。

10 按下【Ctrl】+【T】组合键调出调整控制框，调整翅膀的旋转角度及大小，调整合适后按下【Enter】键确认操作。

11 参照上述方法编辑右边的翅膀，并将【右翼】图层的混合模式设置为【滤色】选项，得到如图所示的效果。

12 选择【钢笔】工具，在工具选项栏中设置如图所示的选项。

13 在图像中绘制如图所示的曲线路径。

14 选择【图层1】图层，单击【创建新图层】按钮，新建图层。

新建图层

15 选择【画笔】工具，在工具选项栏中设置如图所示的参数。

设置画笔参数

16 将前景色设置为白色，按住【Alt】键单击【路径】面板中的【用画笔描边路径】按钮，弹出【描边路径】对话框，从中设置如图所示的选项，然后单击 确定 按钮。

17 单击【路径】面板的空白位置，隐藏路径，得到如图所示的描边效果。

18 单击【添加图层蒙版】按钮 ，为该图层添加图层蒙版。

19 将前景色设置为黑色，选择【画笔】工具 ，在工具选项栏中设置如图所示的参数。

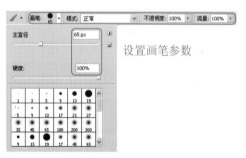

设置画笔参数

20 在图像中涂抹部分白线，将其隐藏，得到如图所示的效果。

21 单击【添加图层样式】按钮 fx，在弹出

的菜单中选择【外发光】菜单项。

选择该
菜单项

22 在弹出的【图层样式】对话框中设置如图所示的参数，然后单击 确定 按钮。

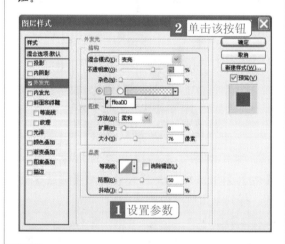

23 添加外发光样式后得到如图所示的效果。

24 将前景色设置为黑色，选择【横排文字】工具 T，在工具选项栏中设置适当的字体及字号。

字体样式   字体大小

25 在图像中输入如图所示的文字，输入完成后单击工具选项栏中的【提交所有当前编辑】按钮 ✔ 确认操作。

26 参照上述方法输入其他黑色和白色的文字，得到如图所示的效果。

27 选择【挣脱束缚】文字图层，单击【添加图层样式】按钮 fx，在弹出的菜单中选择【投影】菜单项。

选择该
菜单项

28 在弹出的【图层样式】对话框中设置如图所示的参数，然后单击 确定 按钮。

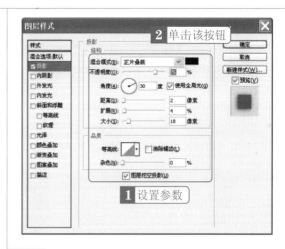

2 单击该按钮
1 设置参数

29 添加投影样式后得到如图所示的效果。

2. 细节调整

1 单击【创建新的填充或调整图层】按钮 ⊘，在弹出的菜单中选择【自然饱和度】菜单项。

选择该
菜单项

2 在【自然饱和度】调板中设置如图所示的参数。

设置参数

3 将前景色设置为黑色，单击【创建新的填充或调整图层】按钮 ，在弹出的菜单中选择【渐变】菜单项。

选择该
菜单项

4 在【渐变填充】对话框中设置如图所示的参数及选项，然后单击 确定 按钮。

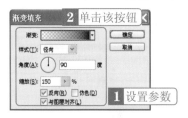

2 单击该按钮

1 设置参数

5 在【图层】面板中的【设置图层的混合模式】下拉列表中选择【亮光】选项，在【填充】文本框中输入"53%"。

6 设置完成后得到如图所示的效果。

7 单击【创建新的填充或调整图层】按钮 ，在弹出的菜单中选择【色彩平衡】菜单项。

选择该
菜单项

8 在【色彩平衡】调板中设置如图所示的参数。

色彩平衡

设置参数

9 设置完成后得到如图所示的效果。

10 打开本实例对应的素材文件651.tiff，选择【羽毛】图层。

11 选择【移动】工具，将【羽毛】图层中的图像拖动到文件651.jpg中。

12 按两次【Ctrl】+【J】组合键复制图层，得到【羽毛副本】图层和【羽毛副本2】图层。

13 选择【羽毛副本2】图层，选择【编辑】

▶【自由变换】菜单项，将羽毛调小并适当调节其角度和位置，然后按下【Enter】键确认操作。

14 选择【编辑】▶【变换】▶【变形】菜单项，将羽毛适当变形，然后按下【Enter】键确认操作。

15 选择【羽毛副本】图层，选择【编辑】▶【自由变换】菜单项，将羽毛调小并适当调节其角度和位置，然后按下【Enter】键确认操作。

16 选择【编辑】▶【变换】▶【扭曲】菜单项，将羽毛适当扭曲，然后按下【Enter】键

确认操作。

17 选择【滤镜】➤【模糊】➤【动感模糊】菜单项，在弹出的【动感模糊】对话框中设置如图所示的参数，然后单击 [确定] 按钮。

20 选择【滤镜】➤【模糊】➤【动感模糊】菜单项，在弹出的【动感模糊】对话框中设置如图所示的参数，然后单击 [确定] 按钮。

18 动感模糊后得到如图所示的效果。

21 最终得到如图所示的效果。

最终效果

19 选择【羽毛】图层，选择【编辑】➤【自由变换】菜单项，将羽毛调小并适当调节其角度和位置，然后按下【Enter】键确认操作。

第3篇

舞动梦想的翅膀——数码照片的设计

学习了在 Photoshop CS4 中对不同类型数码照片的处理方法之后，相信用户已掌握并能熟练运用 Photoshop CS4 的各项功能，为进行数码照片的设计和制作打下了良好的基础。现在用户可以对数码写真和婚纱照片发挥自己的想象力和设计才能，并将数码照片应用到商业领域的宣传中去。

第7章	写真照片的设计制作

第8章	婚纱照片的设计制作

第9章	商业案例

新手

第 7 章
写真照片的设计制作

Chapter

小月：小龙，我同学拍摄了一套写真照片，让我帮忙处理，可我对写真照片的设计制作还不是很懂，怎么办？

小龙：这很简单，我可以给你介绍几套写真照片的制作方法啊。

小月：太好了，我们快开始吧！

要点导航

❋ 少年中国

❋ 绽放风采

❋ 国画山水间

❋ 童话世界

7.1 少年中国

本节介绍一套古香古色的儿童写真照片的制作。

素材文件与最终效果对比如下图所示。

本实例素材文件和最终效果所在位置如下。

素材文件	第 7 章\素材文件\7.1\711a.jpg~711b.jpg、711.tiff
最终效果	第 7 章\最终效果\7.1\少年中国 .psd

1 按下【Ctrl】+【N】组合键弹出【新建】对话框，在该对话框中设置如图所示的参数及选项，然后单击 确定 按钮。

2 选择【渐变】工具 ，单击工具选项栏中的渐变颜色条 ，在弹出的【渐变编辑器】对话框中设置如图所示的参数及选项，然后单击 确定 按钮。

3 单击【图层】面板中的【创建新图层】按钮 ，新建图层。

4 在图像文件中按住【Shift】键由下至上拖动鼠标，为图像添加渐变效果。

5 在【图层】面板中的【填充】文本框中输入 "22%"。

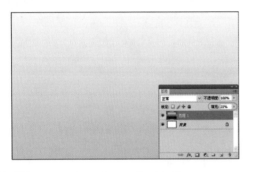

6 打开本实例对应的素材文件711.tiff。

7 选择【图层1】图层，使用【移动】工具 ，将该图层中的图像移至 "少年中国" 图像文件中。

8 选择【椭圆】工具 ，在工具选项栏中设置如图所示的选项。

9 按住【Shift】键在图像中绘制如图所示的圆形路径。

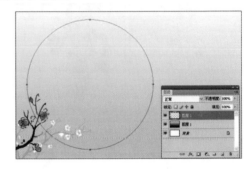

10 将前景色设置为 "433c38" 号色，选择【画笔】工具 ，打开【画笔】面板，选择【画笔笔尖形状】选项卡，从中设置如图所示的参数。

11 选中【纹理】复选框，选择一种岩石的纹理，并设置相关参数，如图所示。

12 选中【双重画笔】复选框，选择【90】号画笔，并设置相关参数，如图所示。

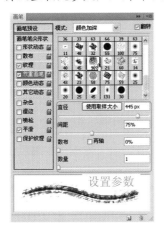

13 在【图层】面板中单击【创建新图层】按钮 ，新建图层。

14 选择【画笔】工具 ，在工具选项栏中设置如图所示的参数。

15 打开【路径】面板，单击【用画笔描边】按钮 ，将闭合路径描边。

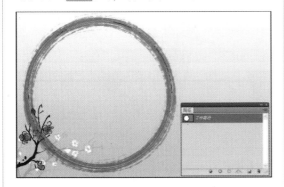

16 按下【[】键缩小画笔直径，再对闭合路径进行描边，使其颜色由外向内逐渐加深。

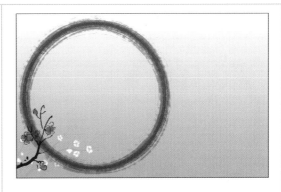

17 打开本实例对应的素材文件711a.jpg。

18 按下【Ctrl】+【A】组合键全选图像，按下【Ctrl】+【C】组合键复制图像，打开"少年中国"图像文件，选择【图层2】图层，按下【Ctrl】+【V】组合键粘贴图像。

19 按下【Ctrl】+【T】组合键调整人物的大

小，调整合适后按下【Enter】键确认操作。

20 选择【圆角矩形】工具 ▣，在工具选项栏中设置如图所示的选项及参数。

21 在图像中绘制如图所示的圆角矩形路径。

22 按下【Ctrl】+【Enter】组合键将路径转换为选区，按下【Ctrl】+【F6】组合键，弹出【羽化选区】对话框，在该对话框中设置如图所示的参数，然后单击 确定 按钮。

23 单击【图层】面板中的【添加图层蒙版】按钮 ▣，为图层添加图层蒙版，隐藏选区外的图像。

24 打开本实例对应的素材文件711b.jpg。

25 使用【移动】工具 将素材文件711b.jpg拖动到"少年中国"图像文件中。

26 按下【Ctrl】+【T】组合键调出调整控制框，在弹出的快捷菜单中选择【水平翻转】

菜单项。

27 按住【Shift】键调整人物的大小，调整合适后按下【Enter】键确认操作。

28 单击【图层】面板中的【添加图层蒙版】按钮，为图层添加图层蒙版，隐藏选区外的图像。

29 按下【D】键将前景色和背景色设置为黑色和白色。选择【渐变】工具，在工具选项栏中设置如图所示的选项。

设置渐变选项及参数

30 按住【Shift】键在人物的左边水平拖动鼠标，添加渐变效果。

31 单击该图层的图层缩览图，选择【图像】▶【调整】▶【色相/饱和度】菜单项，弹出【色相/饱和度】对话框，从中设置如图所示的参数，然后单击　确定　按钮。

32 降低饱和度后图像效果如图所示。

33 打开本实例对应的素材文件711.tiff。

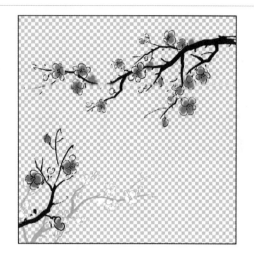

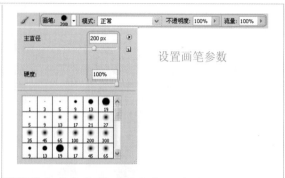

设置画笔参数

34 使用【移动】工具 ，将素材文件711.tiff中的【图层2】图层的图像拖动到"少年中国"图像文件中。

37 在图像中花的图像部分涂抹，将人物的头饰部分显示出来。

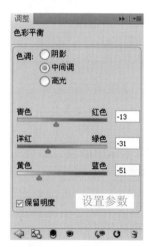

35 单击【图层】面板中的【添加图层蒙版】按钮 ，为图层添加图层蒙版，隐藏选区外的图像。

38 选择【图层3】图层，打开【调整】面板，单击【色彩平衡】图标 ，在【色彩平衡】调板中设置如图所示的参数。

36 选择【画笔】工具 ，将前景色设置为黑色，在工具选项栏中设置如图所示的参数。

39 设置色彩平衡后的图像效果如图所示。

40 选择【横排文字】工具 T ，在工具选项栏中设置适当的字体及字号。

字体样式　　　　字体大小

41 在图像中输入文字，最终得到如图所示的效果。

最终效果

7.2 绽放风采

本节介绍一套简洁、大方的时尚写真照片的制作方法。

素材图片与最终效果对比如下图所示。

本实例素材文件和最终效果所在位置如下。

素材文件	第 7 章 \7.2\素材文件\721a.jpg ~ 721d.jpg、721.tiff
最终效果	第 7 章 \7.2\最终效果\721.psd

1. 构图设计

1 按下【Ctrl】+【N】组合键，弹出【新建】对话框，在该对话框中设置如图所示的参数，然后单击 确定 按钮。

2 打开本实例对应的素材文件721a.jpg。

3 选择【移动】工具，将素材文件721a. jpg拖动到文件721.psd中。

4 按下【Ctrl】+【T】组合键调出调整控制框，按住【Shift】键调整照片的大小，调整合适后按下【Enter】键确认操作。

5 单击【添加图层蒙版】按钮，为该图层添加图层蒙版。

6 将前景色设置为黑色，选择【渐变】工具，在工具选项栏中设置如图所示的选项。

设置渐变参数

7 按住【Shift】键在图像中水平拖动鼠标，添加渐变效果。

8 单击【创建新的填充或调整图层】按钮，在弹出的菜单中选择【曲线】菜单项。

选择该
菜单项

9 在【曲线】面板中设置如图所示的曲线参数。

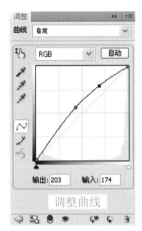

调整曲线

10 按下【Ctrl】+【Alt】+【G】组合键将【曲线】图层嵌入到下一图层中。

11 单击【创建新图层】按钮，新建图层。

新建图层

12 将前景色设置为 "e0e0e0" 号色，选择【矩形选框】工具，在工具选项栏中设置如图所示的参数。

13 在图像中绘制如图所示的矩形选区。

14 按下【Ctrl】+【Shift】+【I】组合键反选选区，按下【Alt】+【Delete】组合键填充选区。

15 按下【Ctrl】+【D】组合键取消选区。选择【矩形】工具，在工具选项栏中设置如图所示的选项。

16 在图像中绘制如图所示的矩形路径。

17 单击【创建新图层】按钮，新建图层。

新建图层

18 将前景色设置为黑色，选择【画笔】工具 ，在【画笔】面板中设置如图所示的参数。

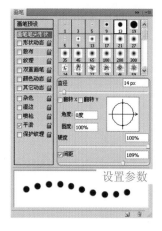

设置参数

19 打开【路径】面板，按住【Alt】键单击【用画笔描边路径】按钮 ，弹出【描边路径】对话框，从中设置如图所示的选项，然后单击 确定 按钮。

设置参数

20 单击【路径】面板中的空白位置，隐藏路径，得到如图所示的效果。

21 打开本实例对应的素材文件721.tiff，选中【细纹】图层。

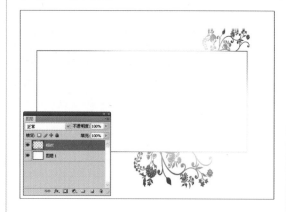

22 选择【移动】工具 ，将文件721.tiff中的【细纹】图层中的图像拖动到文件721.psd中。

23 单击【创建新图层】按钮 ，新建图层。

新建图层

24 选择【矩形】工具 ，在工具选项栏中设置如图所示的选项。

25 在图像中绘制如图所示的矩形。

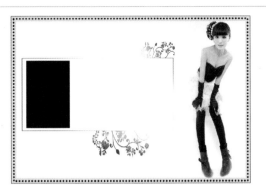

26 选择【图层】➤【图层样式】➤【描边】菜单项，在弹出的【图层样式】对话框中设置如图所示的参数，然后单击 确定 按钮。

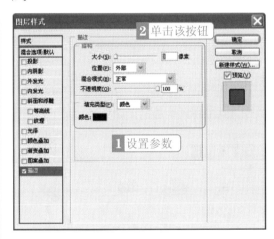

27 打开本实例对应的素材文件721b.jpg。

28 选择【移动】工具，将素材文件721b.jpg拖动到文件721.psd中。

29 按下【Ctrl】+【T】组合键调出调整控制框，按住【Shift】键调整照片的大小，调整合适后按下【Enter】键确认操作。

30 按下【Ctrl】+【Alt】+【G】组合键将照片嵌入到下一图层中。

2. 细节设计

1 参照第1小节中介绍的方法将素材文件

721c.jpg和721d.jpg编辑到文件721.psd中。

2 将前景色设置为 "604f69" 号色，选择【横排文字】工具 T，在工具选项栏中的【设置字体系列】下拉列表中选择合适的字体，在【设置字体大小】下拉列表中选择合适的字号。

3 在图像中输入如图所示的文字，输入完成后单击【提交所有当前编辑】按钮 ✓，确认操作。

4 在工具选项栏中的【设置字体系列】下拉列表中选择合适的字体，在【设置字体大小】下拉列表中选择合适的字号。

5 在图像中输入如图所示的文字，输入完成后单击【提交所有当前编辑】按钮 ✓，确认操作。

6 在工具选项栏中的【设置字体系列】下拉列表中选择合适的字体，在【设置字体大小】下拉列表中选择合适的字号，并将文本颜色设置为黑色。

7 在图像中输入如图所示的文字，输入完成后单击【提交所有当前编辑】按钮 ✓ 确认操作，最终得到如图所示的效果。

最终效果

 字体和装饰图案的颜色设置应注意什么？

字体和装饰图案的颜色主要应根据照片大体的色彩感觉来进行设置，使整体颜色相呼应。

7.3 国画山水间

国画是中国文化的精粹。将写真与国画题材相结合可以彰显人物的飘逸神韵。本节将介绍如何将写真照片与国画相融合制作出淡雅脱俗的水墨效果。

素材图片与最终效果对比如下图所示。

本实例原始文件和最终效果所在位置如下。

原始文件	第7章\原始文件\7.3\731.psd
最终效果	第7章\最终效果\7.3\731.psd

1. 编辑构图

1 打开本实例对应的素材文件731.psd。

2 选择【背景】图层，按下【Ctrl】+【J】组合键复制图层，得到【背景副本】图层。

复制图层

3 按下【Ctrl】+【T】组合键调出调整控制框，调整图像的大小，得到如图所示的效果。

4 按下【Enter】键确认操作，单击【添加图层样式】按钮 *fx*，在弹出的菜单中选择【外发光】菜单项。

选择该

菜单项

5 在弹出的【图层样式】对话框中设置如图所示的参数。

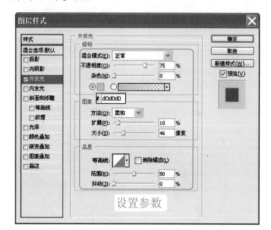

设置参数

6 选中【描边】复选框，设置如图所示的参数，然后单击 确定 按钮。

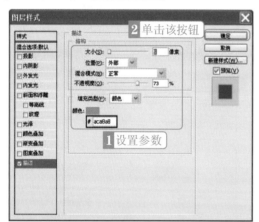

2 单击该按钮

1 设置参数

7 选择【背景】图层，按下【Ctrl】+【J】组合键复制图层，得到【背景副本2】图层，并将其移至【背景副本】图层之上。

复制图层

8 按下【Ctrl】+【T】组合键调出调整控制框，调整图像的大小，得到如图所示的效果。

9 按下【Enter】键确认操作，单击【添加图层样式】按钮 _fx_，在弹出的菜单中选择【描边】菜单项。

选择该
菜单项

10 在弹出的【图层样式】对话框中设置如图所示的参数，然后单击 确定 按钮。

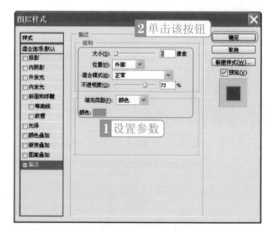

2 单击该按钮

1 设置参数

11 选中【底纹】图层，按下【Ctrl】+

【Alt】+【G】组合键将其嵌入到下一图层中。

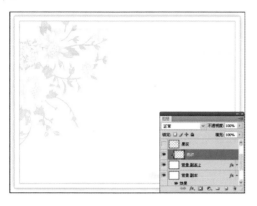

12 选择【背景副本2】图层，按住【Ctrl】键单击该图层的图层缩览图，将该图层的图像载入选区。

13 选中并显示【果实】图层，单击【添加图层蒙版】按钮，将选区外的图像隐藏，得到如图所示的效果。

14 单击【创建新图层】按钮，新建图层。

新建图层

15 将前景色设置为"df1e65"号色，选择【画笔】工具，在工具选项栏中设置如图所示的参数。

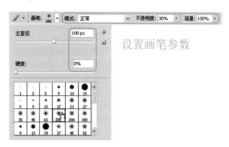

设置画笔参数

16 在图像中花朵的位置涂抹，为花朵添加颜色。

17 在【图层】面板中的【设置图层的混合模式】下拉列表中选择【柔光】选项。

18 选中并显示【人物】图层。

19 选择【移动】工具，移动人物的位置，效果如图所示。

20 选中并显示【条纹】图层，并将其移至【人物】图层的下方。

21 按下【Ctrl】+【J】组合键复制【条纹】图层，得到【条纹副本】图层。

复制图层

22 选择【移动】工具，按住【Shift】键向下移动，效果如图所示。

23 选择【人物】图层，打开【调整】面板，单击【色彩平衡】图标，在【色彩平衡】调板中设置如图所示的参数。

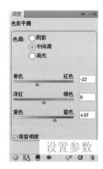
设置参数

24 单击【图层】面板中的【创建新图层】按钮，新建图层。

新建图层

25 选择【矩形】工具，在工具选项栏中设置如图所示的选项。

26 将前景色设置为白色,按住【Shift】键在图像中绘制如图所示的矩形。

27 选择【多边形套索】工具 ,在图像中绘制如图所示的选区。

28 按下【Delete】键删除选区内的图像,按下【Ctrl】+【D】组合键取消选区。

29 单击【图层】面板中的【添加图层样式】按钮 ,在弹出的菜单中选择【投影】

选项。

选择该
菜单项

30 在弹出的【图层样式】对话框中设置如图所示的参数,然后单击 确定 按钮。

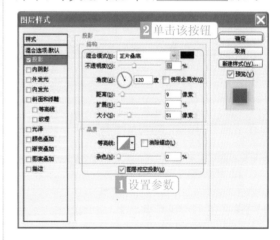

31 参照上述方法在图像的右下角绘制另一个装饰角,得到如图所示的效果。

2. 添加文字

1 将前景色设置为黑色，选择【直排文字】工具 T，打开【字符】面板，在该面板中设置如图所示的参数。

2 在图像中输入如图所示的文字，然后单击工具选项栏中的【提交所有当前编辑】按钮 ✓，确认操作。

3 单击【添加图层蒙版】按钮 ▣，为该图层添加图层蒙版。

4 选择【渐变】工具 ▣，将前景色设置为黑色，在工具选项栏中设置如图所示的选项。

设置渐变参数

5 在图像中由文字的左侧向右侧添加渐变，并将该图层移至【人物】图层的下方，得到如图所示的效果。

6 单击【图层】面板中的【创建新图层】按钮 ▣，新建图层。

新建图层

7 选择【直排文字】工具 T，打开【字符】面板，在该面板中设置如图所示的参数。

8 在图像中输入如图所示的文字，然后单击工具选项栏中的【提交所有当前编辑】按钮 ✓，确认操作。

9 打开【调整】面板，单击【色相/饱和度】图标■■■。

10 在打开的【色相/饱和度】调板中设置如图所示的参数。

11 最终得到如图所示的效果。

最终效果

7.4 童话世界

童话世界中充满梦想。本节介绍如何制作一套如童话世界般唯美的写真照片，带你进入一个童话的世界。

素材文件与最终效果对比如下图所示。

本实例素材文件和最终效果所在位置如下。	
素材文件	第7章\素材文件\7.4\741a.jpg~741c.jpg、741.tiff
最终效果	第7章\最终效果\7.4\741.psd

1. 嵌入照片

1 打开本实例对应的素材文件741a.jpg。

2 单击【创建新图层】按钮 ，新建图层。

新建图层

3 将前景色设置为白色，选择【矩形】工具 。

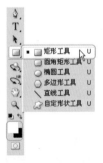

4 在工具选项栏中设置如图所示的选项。

设置矩形工具选项

5 在图像中绘制如图所示的矩形。

6 打开本实例对应的素材文件741b.jpg。

7 选择【移动】工具 ，将素材文件741b.jpg拖动到素材文件741a.jpg中。

8 按下【Ctrl】+【Alt】+【G】组合键将照片嵌入到下一图层中。

9 按下【Ctrl】+【T】组合键调出调整控制框，按住【Shift】键调整照片的大小，调整合适后按下【Enter】键确认操作。

10 选择【背景】图层，单击【创建新图层】按钮 ，新建图层。

11 将前景色设置为黑色，选择【画笔】工具 ，在工具选项栏中设置如图所示的参数。

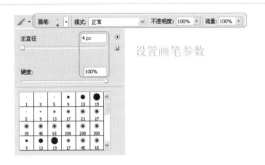

设置画笔参数

12 按住【Shift】键在图像中绘制如图所示的直线。

13 按下【Ctrl】+【J】组合键复制【图层3】图层，得到【图层3副本】图层。

复制图层

14 选择【移动】工具 向下移动直线，得到如图所示的效果。

15 单击【创建新图层】按钮，新建图层。

16 将前景色设置为白色，选择【矩形】工具。

17 在图像中绘制如图所示的矩形。

18 单击【添加图层样式】按钮，在弹出的菜单中选择【描边】菜单项。

19 在弹出的【图层样式】对话框中设置如图所示的参数，然后单击 确定 按钮。

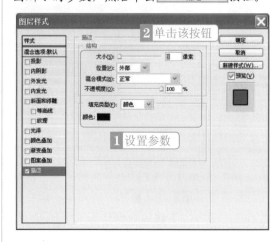

20 添加描边样式后得到如图所示的效果。

21 打开本实例对应的素材文件741c.jpg。

22 选择【移动】工具，将素材文件741c.jpg拖动到素材文件741a.jpg中。

23 按下【Ctrl】+【Alt】+【G】组合键将照片嵌入到下一图层中。

24 按下【Ctrl】+【T】组合键调出调整控制框，按住【Shift】键调整照片的大小，调整合适后按下【Enter】键确认操作。

2. 添加装饰及文字

1 打开本实例对应的素材文件741.tiff，选择【星星】图层。

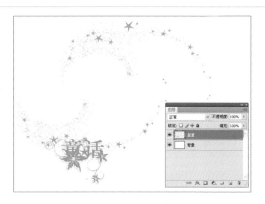

2 选择【移动】工具，将【星星】图层图像拖动到素材文件741a.jpg中，并将该图层移至最顶层。

3 单击【添加图层蒙版】按钮，为该图层添加图层蒙版。

4 选择【画笔】工具，在工具选项栏中设置如图所示的参数。

设置画笔参数

最终效果

5 在图像中涂抹人物脸部的星星图案，隐藏部分图像，最终得到如图所示的效果。

婚纱照片设计与
商业案例展示

★内容详情见光盘★

Chapter

　　小月：小龙，在商业宣传
和婚纱照片制作方面 Photoshop 的作用也很大吗？

　　小龙：那当然了，Photoshop CS4 在商业宣传中的平面设计方面和婚纱照片
设计制作方面发挥着十分重要的作用。

　　小月：那你能给我介绍几个案例的制作吗？

　　小龙：当然可以，我们开始吧！

　　小月：好的。

要点
导航 ⇨

墨迹边框

素材图片与最终效果对比如图所示。
具体内容请参见本书附带光盘。

都市私语

最终效果与素材图片对比如图所示，具体内容请参见本书光盘。

稻香

最终效果与素材图片对比如下图所示，具体内容请参见本书光盘。

香水广告

素材图片与最终效果对比如下图所示，具体内容请参见本书光盘。

饰品广告

最终效果与素材图片对比如下图所示，具体内容请参见本书光盘。

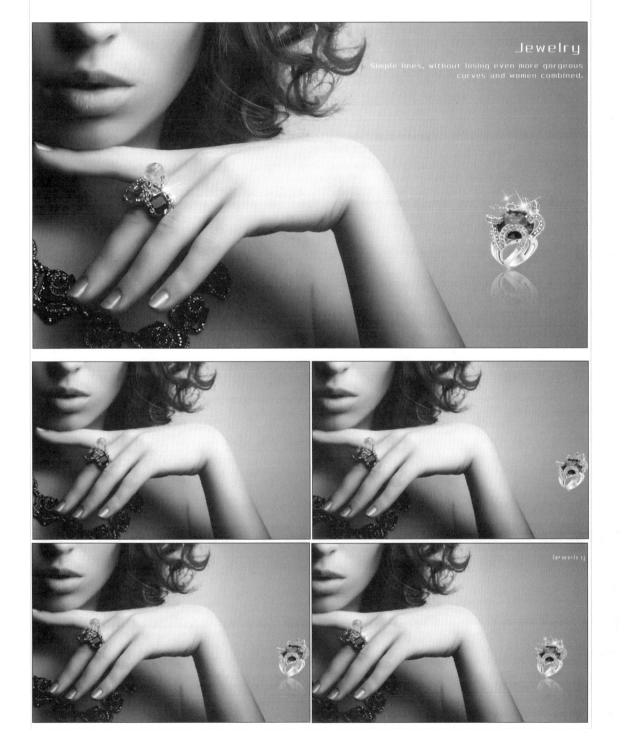

房地产广告

最终效果与素材图片对比如下图所示，具体内容请参见本书光盘。